全国职业技术院校模具制造/模具设计专业

模具材料与热处理（第二版）习题册

中国劳动社会保障出版社

简介

本习题册是全国职业技术院校模具制造/模具设计专业教材《模具材料与热处理（第二版）》的配套用书。习题册紧扣教学要求，按照教材章节顺序编排，知识点分布均衡，题型丰富多样，难易配置适当，有助于学生复习巩固所学知识。

本习题册由赵孔祥主编，尤石、刘道吉、王珂、边芳参加编写。

图书在版编目(CIP)数据

模具材料与热处理（第二版）习题册/赵孔祥主编. —北京：中国劳动社会保障出版社，2016

全国职业技术院校模具制造/模具设计专业

ISBN 978-7-5167-2611-2

Ⅰ.①模… Ⅱ.①赵… Ⅲ.①模具钢-热处理-职业教育-习题集 Ⅳ.①TG162.4-44

中国版本图书馆 CIP 数据核字(2016)第 178897 号

中国劳动社会保障出版社出版发行

（北京市惠新东街 1 号 邮政编码：100029）

*

北京昌联印刷有限公司印刷装订 新华书店经销

787 毫米×1092 毫米 16 开本 5.25 印张 125 千字

2016 年 7 月第 1 版 2025 年 5 月第 8 次印刷

定价：10.00 元

营销中心电话：400-606-6496

出版社网址：http://www.class.com.cn

http://zyjy.class.com.cn

目　录

第一章　金属材料基础知识

第一节　金属材料的分类

一、填空题（将正确答案填写在横线上）

1. 在机械制造中，大多数的零件都是由各种＿＿＿＿＿＿制成的。

2. 金属材料包括＿＿＿＿＿＿＿＿、＿＿＿＿＿＿＿＿、＿＿＿＿＿＿＿＿和＿＿＿＿＿＿＿＿＿等。

3. 特种金属材料包括不同用途的＿＿＿＿金属材料和＿＿＿＿金属材料。

4. 在金属材料中使用最多的是＿＿＿＿材料，这是由于它具有比其他材料更优越的性能，如＿＿＿＿性能、＿＿＿＿性能、＿＿＿＿性能和＿＿＿＿性能等，更能够适应生产和科学技术发展的需要。

5. 金属材料通常可分为＿＿＿＿金属和＿＿＿＿金属。此外，在机械制造工业中，还出现了许多新型的具有特殊性能的金属材料，如＿＿＿＿＿＿材料、＿＿＿＿＿金属材料、＿＿＿＿＿＿金属材料、单晶合金、超导合金以及新型金属功能材料等。

6. 新型金属功能材料包括＿＿＿＿＿＿＿＿合金、＿＿＿＿＿＿＿＿合金、＿＿＿＿＿＿＿＿材料和＿＿＿＿＿＿＿＿金属材料等。

二、判断题（正确的打“√”，错误的打“×”）

1. 纯金属的强度与硬度一般都较高，但塑性与韧性较低。（　）

2. 合金可以通过调整组成元素之间的比例，满足使用性能要求。（　）

3. 当合金中出现金属化合物时，通常能提高合金的硬度和耐磨性，但塑性和韧性会降低。（　）

三、选择题（将正确答案的代号填入括号内）

1. 通过快速冷凝工艺获得的特种金属材料是（　）。

A. 非晶态金属材料　　B. 特殊功能合金　　C. 金属基复合材料

2. （　）具有熔点高、硬度高、脆性大的特性。

A. 纯金属　　B. 合金　　C. 金属化合物

四、名词解释

1. 金属材料

2. 合金

3. 金属化合物

五、简答题

1. 什么是金属?

2. 与纯金属相比，合金具有哪些特点?

第二节 金属晶体结构

一、填空题（将正确答案填写在横线上）

1. 根据原子排列的特征，固态物质可分为________与________两类。组成微粒（原子、离子或分子）呈规则排列的物质叫________；组成微粒无规则地散乱堆积在一起的物质叫________。一般固态金属材料等都是________。

2. 常见的金属晶格类型有____________晶格、____________晶格和____________晶格三种。铬属于____________晶格，铜属于____________晶格，锌属于____________晶格。

3. 晶体的异向性是其原子的____________而造成的。

4. 原子的排列都不是完美无缺的，实际金属中原子排列的不完整性称为___________。

5. 常见的晶体缺陷有____缺陷、____缺陷和____缺陷三种。

二、判断题（正确的打“√”，错误的打“×”）

1. 非晶体具有各向同性的特点。 ( )
2. 多晶体中，各晶粒的位向表现为各向同性。 ( )
3. 单晶体具有各向异性的特点。 ( )
4. 金刚石、石墨、石蜡、松香等都是晶体。 ( )

三、选择题（将正确答案的代号填入括号内）

1. α铁（α－Fe）具有（ ）晶格。

   A. 体心立方　　B. 面心立方　　C. 密排六方

2. 金刚石属于（ ）晶体。

   A. 非　　B. 单　　C. 多

3. 下列属于点缺陷的是（ ）。

   A. 间隙原子　　B. 位错　　C. 亚晶界

四、名词解释

1. 晶格

2. 晶胞

3. 单晶体

4. 多晶体

5. 各向异性（或异向性）

五、简答题

1. 常见金属晶格的晶胞各有何特点？

2. 为什么多晶体材料一般不显示出各向异性？

3. 位错属于哪种晶体缺陷？对金属材料的性能有何影响？

第三节　纯金属的结晶

一、填空题（将正确答案填写在横线上）

1. 金属的结晶是金属从高温________状态冷却凝固为原子有序排列的________状态的

过程。

2. 金属结晶时，理论结晶温度与实际结晶温度之差称为__________。

3. 过冷度的大小与____________有关，____________越快，金属的实际结晶温度越____，过冷度越大。

4. 液态金属的结晶包括______________和______________两个基本过程。

5. 纯金属结晶时，晶核长大方式主要有________长大方式和________长大方式两种。晶体长大方式主要取决于____________，同时也受晶体结构、杂质含量的影响。

6. 金属结晶时，晶粒的大小与____________及____________有关，__________________________越____，晶粒越细小。

7. 金属在____态下，随温度的改变，由______________转变为______________的现象称为同素异构转变。

二、判断题（正确的打“√”，错误的打“×”）

1. 金属结晶时，减小过冷度，可使晶粒细化。（　　）
2. 晶粒度是表示晶粒大小的尺度，晶粒度可用晶粒的平均面积或平均直径表示。（　　）
3. 晶粒大小对金属的机械性能有很大影响，大多数金属能通过热处理改变其晶粒大小。（　　）
4. 同素异构转变是由晶核形成和晶核长大两个基本过程完成的。（　　）

三、选择题（将正确答案的代号填入括号内）

1. 纯铁冷却到1 394℃时，发生同素异构转变，转变为面心立方晶格的（　　）。

A. α－Fe　　B. γ－Fe　　C. δ－Fe

2. 纯铁冷却到（　　）℃时，由面心立方晶格转变为体心立方晶格。

A. 912　　B. 1 394　　C. 1 538

四、名词解释

1. 结晶潜热

2. 冷却曲线

五、简答题

1. 纯金属结晶时，其冷却曲线为何有一段水平线？

2. 生产中常用的细化晶粒的方法有哪几种？为什么要细化晶粒？

3. 同素异构转变具有哪些特点？

4. 金属的同素异构转变与金属的结晶过程有何异同？

第四节 合金的晶体结构

一、填空题（将正确答案填写在横线上）

1. 合金是以一种金属为基础，加入其他__________或__________，经过熔炼、烧结或用其他方法组合而成的具有__________的物质。

2. 在金属或合金中，凡__________相同、__________相同并以界面相互分开的各个均匀组成部分称为相。

3. 根据合金中各组元之间结合方式的不同，合金的组织可分为____________、____________、____________三类。

4. 根据溶质原子在溶剂晶格中所处的位置不同，可将固溶体分为________固溶体、________固溶体。

5. 金属化合物是指金属________间相互作用而生成的具有__________的一种新相，也称中间相，具有__________、__________的特点。

6. 由两相或两相以上组成的多相组织，称为____________。

二、判断题（正确的打“√”，错误的打“×”）

1. 间隙固溶体既可以是有限固溶体也可以是无限固溶体。（　　）

2. 实践证明，只要适当控制固溶体中的溶剂含量，就能在显著提高金属材料强度和硬度的同时，保持其较高的塑性和韧性。（　　）

3. 金属化合物的晶格类型完全不同于它任一组元的晶格类型。（　　）

4. 绝大多数金属材料中存在机械混合物这种组织状态。（　　）

5. 合金的结晶过程与纯金属一样，结晶时也需要一定的过冷度，结晶后形成多晶体。（　　）

三、选择题（将正确答案的代号填入括号内）

1. 组成合金的最简单、最基本且能够单独存在的物质称为（　　）。

A. 相　　B. 组元　　C. 组织

2. 合金发生固溶强化的主要原因是（　　）。

A. 晶格类型发生了变化　　B. 晶粒细化　　C. 晶格发生了畸变

四、名词解释

1. 共晶转变

2．共析转变

3．固溶强化

4．弥散强化

五、简答题

与纯金属的结晶过程相比，合金的结晶过程具有什么特点？

第五节　金属材料的力学性能

一、填空题（将正确答案填写在横线上）

1．所谓使用性能是指金属材料在使用条件下表现出来的性能，它包括________性能、________性能、________性能等。

2. 金属材料的力学性能是金属构件设计和选材的主要依据，指标主要有__________、__________、__________、__________和__________等。

3. 强度是指金属材料在________作用下，抵抗__________和__________的能力。

4. 根据载荷的作用方式不同，强度可分为________强度、________强度、________强度、________强度和________强度等。通常以________强度作为最基本的强度指标。

5. 金属在断裂前发生不可逆__________的能力称为塑性。常用的塑性指标有______________和______________。

6. 在拉伸试验中依据力—伸长曲线可以看出试样从开始拉伸到断裂要经过______________、____________、____________、____________四个阶段。

7. 硬度是衡量金属材料_______程度的一种性能指标。其测定方法有__________法、__________法、__________法等，目前生产中最常用的是__________法。

8. 在压入法中，根据载荷、压头和表示方法的不同，常用的方法有__________（HB）试验法、__________（HRA、HRB、HRC）试验法和__________（HV）试验法。

9. 530HBW5/750 表示用直径为____mm 的__________球压头，在 7 355 N（____kg）的试验力作用下，保持________s 时测得的_______硬度值为 530。

10. 洛氏硬度试验是生产中广泛应用的一种硬度试验方法，常用的洛氏硬度标尺有____、____、____三种，其中____标尺应用最广泛。

11. 600HV30 表示采用 294.2 N（_________kg）的试验力，保持时间________s 时测定的_______硬度值为 600。

12. 金属材料在断裂时吸收变形能量的能力称为____________，其大小常用_____________来衡量。

13. 夏比摆锤冲击试验是在摆锤式冲击试验机上进行的，国家标准 GB/T 229—2007 中规定，夏比摆锤冲击试样有____型缺口和____型缺口两种。

14. 金属在疲劳断裂时不产生明显的_______变形，断裂前没有预兆，断裂是突然发生的。断口一般由_________、_________和_________组成。

15. 疲劳强度是指金属材料在无限多次________应力作用下而不破坏的最大应力，用____表示。金属材料的疲劳强度在________试验机上测定。

二、判断题（正确的打“√”，错误的打“×”）

1. 金属零件及其结构件在工作过程中，一般不允许产生塑性变形。（　）

2. 所有金属材料在拉伸试验中，都会出现明显的屈服现象。（　）

3. 有些脆性材料，用规定产生 0.2% 残余伸长时的应力作为屈服强度，用符号 $R_{P0.2}$ 表示，称为条件（名义）屈服强度。（　）

4. 做布氏硬度试验时，在相同试验条件下，压痕直径越小，说明材料的硬度越低。（　）

5. 洛氏硬度无单位。（　）

6. 在实际应用中，维氏硬度值是根据测定的压痕对角线长度查表得到的。（　）

7. 在洛氏硬度试验中，残余压痕直径越大，则被测试样的硬度越低。 (　　)

8. 大多数机械零件除要求具有较高的强度外，还必须有一定的塑性。 (　　)

三、选择题（将正确答案的代号填入括号内）

1. 拉伸试验时，试样拉断前所能承受的最大应力称为材料的（　　）。

   A. 屈服强度　　B. 拉伸强度　　C. 弹性强度

2. 疲劳试验时，试样承受的载荷为（　　）。

   A. 静载荷　　B. 冲击载荷　　C. 交变载荷

3. 洛氏硬度 C 标尺所用的压头是（　　）。

   A. 淬硬钢球　　B. 金刚石圆锥体　　C. 硬质合金球

4. 用拉伸试验可测定材料的（　　）性能指标。

   A. 强度　　B. 硬度　　C. 韧性

四、名词解释

1. 屈服强度

2. 硬度

3. 工艺性能

4. 冷脆转变

五、简答题

1．试述洛氏硬度试验的特点及适用范围。

2．强度、刚度、硬度的区别有哪些？

3．什么是疲劳断裂？

4．简述提高零件疲劳强度的措施。

第六节　金属材料的物理、化学及工艺性能

一、填空题（将正确答案填写在横线上）

1. 金属在__________、__________、__________（温度）等物理因素作用下，所表现出的性能或固有的属性称为金属材料的物理性能。

2. 金属材料的物理性能主要包括____________、____________、____________、导热性、导电性和磁性等。

3. 金属材料在磁场中被磁化而呈现________强弱的性能称为磁性。根据磁化程度，金属材料分为____________材料和____________材料。

4. 金属材料的________性能是指金属在室温或高温时抵抗各种化学介质作用所表现出来的性能。它包括____________性、____________性和____________性等。

5. 化学稳定性是金属材料的__________性和__________性的总称。它主要由材料的________、________性能、________形态等决定。

6. 金属材料的工艺性能直接影响零件的制造________、加工________及生产________等，是选择材料和工艺方法时必须考虑的重要因素。

7. 铸造性能是指金属材料能用________方法获得合格铸件的能力，也称可铸性。金属材料的铸造性能主要表现在金属的________性、________性和产生________的倾向。

8. 热处理是改善金属材料____________性能和____________性能的重要途径。它包括________性、________性、过热敏感性、淬火变形开裂倾向、回火脆性倾向、氧化脱碳倾向等。

二、判断题（正确的打"√"，错误的打"×"）

1. 金属材料的密度越大，其质量也越大。（　　）

2. 纯金属没有固定的熔点，而合金的熔点取决于其化学成分。（　　）

3. 熔点高的金属称为难熔金属，可以用来制造耐高温零件，如热锻模。（　　）

4. 金属材料的导热率越大，其导热性越好。（　　）

5. 一般来说，合金的导热能力比纯金属好。（　　）

6. 高碳钢、高合金钢等都有良好的可锻性，中、低碳钢，低合金钢的可锻性较差，而铸铁则根本不能锻造。（　　）

三、选择题（将正确答案的代号填入括号内）

1. 可焊性较好的材料是（　　）。

A. 低碳钢　　B. 铸铁　　C. 高合金钢

2. （　　）是指金属材料在凝固过程中，因结晶先后差异而造成金属内部化学成分和组织的不均匀性。

A. 流动性　　B. 化学稳定性　　C. 偏析

四、简答题

1．什么是金属材料的工艺性能？

2．什么是加工硬化？金属材料产生加工硬化的原因是什么？加工硬化有哪些利弊？

第二章　铁碳合金

第一节　铁碳合金的基本组织

一、填空题（将正确答案填写在横线上）

1. 生产中可以通过改变合金的化学成分（或组织结构）来进一步提高金属材料的________性能，并可获得某些特殊的________性能和________性能，以满足金属材料的使用要求。

2. 铁碳合金是由____和____两种元素为主组成的合金。在固态下的基本组织有________体、________体、________体、________体和________体。

3. 铁素体在室温状态下的性能接近于纯铁，即强度和硬度较____，而塑性和韧性较____。在显微镜下观察呈明亮的__________晶粒。

4. 铁碳合金的基本组织中属于固溶体的有________体和________体，属于金属化合物的有________体，属于机械混合物的有________体和________体。

5. 碳在奥氏体中的溶解度随温度的不同而变化，在 1 148℃时碳的溶解度可达____%，在 727℃时碳的溶解度可达____%。

6. 在铁碳合金基本组织中，________体、________体和________体都是单相组织，称为铁碳合金的基本相；________体和________体则是由基本相组成的多相组织。

7. 写出下列铁碳合金组织的符号：
铁素体____，奥氏体____，渗碳体____，珠光体____，低温莱氏体____。

二、判断题（正确的打"√"，错误的打"×"）

1. 碳在 $\gamma-Fe$ 中的溶解度比在 $\alpha-Fe$ 中低。（　　）
2. 奥氏体的强度、硬度不高，但具有良好的塑性。（　　）
3. 渗碳体是铁与碳的混合物。（　　）
4. 碳在奥氏体中的溶解度随温度的提高而减小。（　　）
5. 渗碳体具有硬度高、脆性大的性能特点。（　　）
6. 莱氏体的平均碳的质量分数为 2.11%。（　　）

三、选择题（将正确答案的代号填入括号内）

1. 铁素体为（　　）晶格，奥氏体为（　　）晶格。
A. 面心立方　　B. 体心立方　　C. 密排立方

2. 渗碳体中碳的质量分数为（　　）%。

A. 0.77　　　　B. 2.11　　　　C. 6.69

3. 珠光体中碳的质量分数为（　　）%。

A. 0.77　　　　B. 2.11　　　　C. 6.69

四、简答题

什么是铁素体、奥氏体、渗碳体、珠光体及莱氏体？其各有什么性能特点？

第二节　铁碳合金相图

一、填空题（将正确答案填写在横线上）

1. 铁碳合金相图是表示铁碳合金在极__________（或缓慢加热）条件下，不同________成分的铁碳合金，在不同温度下所具有的________状态的一种图形。相图中的____坐标表示铁碳合金的碳的质量分数（%），____坐标表示铁碳合金的温度（℃）。

2. 铁碳合金相图上各种合金，按其碳的质量分数和室温平衡组织的不同，可分为__________、__________和__________三类。

3. 碳的质量分数为____ $< w_C \leq$ ____的铁碳合金称为钢。根据室温组织的不同，钢又分为三类：亚共析钢，其室温组织为____和____；共析钢，其室温组织为____；过共析钢，其室温组织为____和____。

4. 当碳的质量分数为 $w_C = 2.11\% \sim 6.69\%$ 的铁碳合金冷却到____℃时，将发生共晶转变，同时结晶出________体与________体的机械混合物，即________体。

5. 碳的质量分数 $w_C>0.0218\%$ 的铁碳合金，冷却到____℃时，将发生共析转变，从合金的奥氏体中同时析出________体和________体的机械混合物，即________体。

二、判断题（正确的打“√”，错误的打“×”）

1. 过共晶白口铸铁的室温组织是 $L'_d+Fe_3C_Ⅰ$。（ ）

2. 碳的质量分数 $w_C>0.77\%$ 的钢属于亚共析钢，在室温下的组织由珠光体和铁素体组成。（ ）

三、选择题（将正确答案的代号填入括号内）

1. 工业纯铁中，碳的质量分数为（ ）%。

A. ≤0.021 8　　B. >0.77　　C. >4.3

2. *PSK* 线是一条水平（恒温）线，称为共析线，又称（ ）线。

A. A_{cm}　　B. A_3　　C. A_1

四、简答题

1. 试说明铁碳合金相图中各主要特性点和特性线的含义。

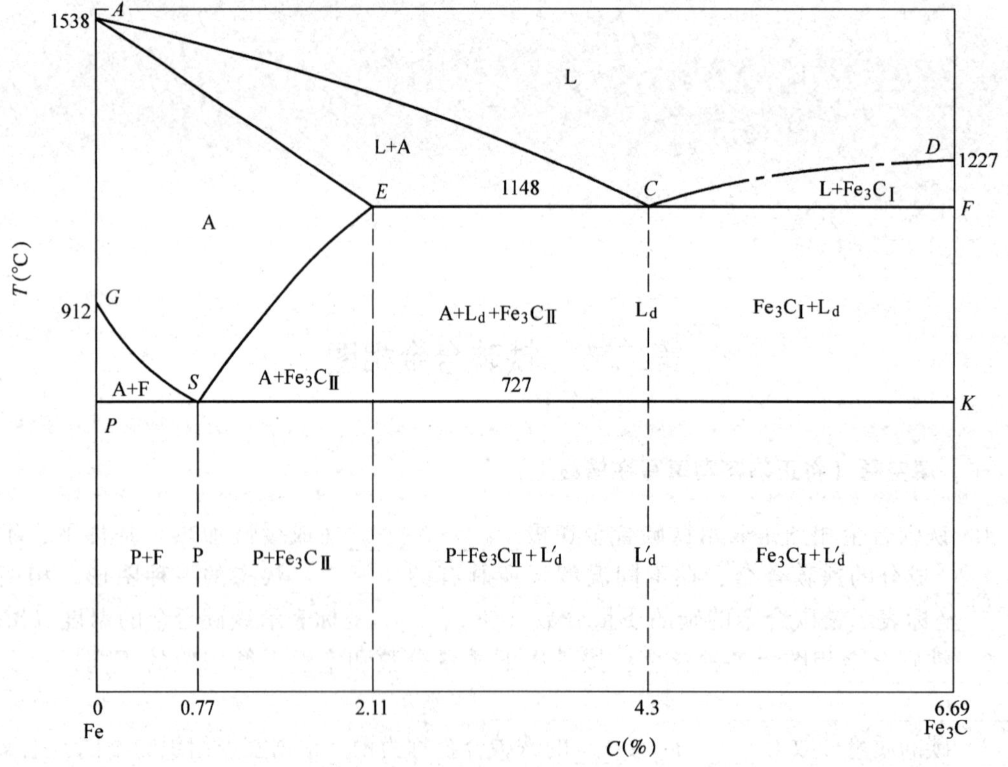

2. 碳对铁碳合金组织和性能有何影响？

3. 铁碳合金相图有哪些具体用途？

第三节　碳　素　钢

一、填空题（将正确答案填写在横线上）

1．碳素钢是以铁为主要元素，碳的质量分数为________________，且在冶炼时没有________加入其他合金元素的铁碳合金，又称为________，是工业中用量最大的金属材料。

2．碳素钢中除铁、碳外，还不可避免地含有少量的________元素。其中____、____是有益元素，____、____、____是有害元素。

3．优质碳素结构钢，碳的质量分数为____________的钢为低碳钢，碳的质量分数为_______________的钢为中碳钢，碳的质量分数为___________的钢为高碳钢。

4．45 钢按用途分类属于___________钢，按碳的质量分数分类属于________钢，按质量分类属于________钢。

5．T12A 钢按用途分类属于____________钢，按碳的质量分数分类属于________钢，按质量分类属于____________钢。

6．现行国家标准 GB/T 700—2006 规定，碳素结构钢的牌号由代表________强度的字母、________强度数值、________等级符号、________方法符号等 4 个部分按顺序组成。

7．优质碳素结构钢根据含锰量的不同，分为_______________钢和较高含锰量钢两种。其中，较高含锰量钢在钢的牌号后面加锰元素符号“____”。

8．现行国家标准 GB/T 699—2015 将优质碳素结构钢按冶金质量分为____________钢、___________钢和____________钢。其中，____________钢在钢的牌号后面加符号“A”；____________钢在钢的牌号后面加符号“E”。

二、判断题（正确的打“√”，错误的打“×”）

1．硫是钢中的有益元素，它能使钢的脆性降低。（　　）

2．碳素工具钢都是优质或高级优质钢，其碳的质量分数一般小于 0.70%。（　　）

3．T10 钢的平均碳的质量分数为 10%。（　　）

4．65Mn 等碳的质量分数大于 0.6% 的优质碳素结构钢主要用于制作弹性零件和耐磨零件，如各种弹簧。（　　）

5．铸钢可用于铸造形状复杂、力学性能较高的零件。（　　）

6．08～25 钢的碳的质量分数低，属低碳钢，此类钢的强度和硬度较低，塑性、韧性好，并具有良好的冷冲压性能和焊接性能。（　　）

三、选择题（将正确答案的代号填入括号内）

1．优质碳素结构钢的牌号用两位数字表示，这两位数字表示钢中平均碳的质量分数的（　　）倍数。

A．百　　　　B．千　　　　C．万

2．常用（　　）钢制造要求表面硬度高、耐磨，并承受冲击载荷的零件。

A. 25　　B. 35　　C. 45

3. 碳素工具钢的牌号以碳的汉语拼音字母“T”开头，后面加数字表示钢中平均碳的质量分数的（　　）分数。

A. 百　　B. 千　　C. 万

四、简答题

1. 碳素钢中的杂质元素 Mn 对钢的性能有哪些影响？

2. 碳素钢的主要分类方法有哪几种？主要分为哪几类？

3. 铸造碳钢一般应用于什么场合？其牌号由哪几部分构成？

4. 解释以下钢牌号的含义。

（1）Q235AF

（2）45

（3）65Mn

（4）08F

（5）T8

（6）T12A

（7）ZG270－500

第三章　钢的热处理

第一节　钢在加热及冷却时的组织转变

一、填空题（将正确答案填写在横线上）

1. 热处理是指采用适当的方式对金属材料或工件进行________、________和________，以获得预期的组织结构与性能的工艺方法。

2. 热处理是机械零件及工模具制造过程中的重要工序，通过适当的热处理方法，能改善其加工________性能，满足不同加工________的需要，进一步提高产品质量和经济效益。

3. 热处理工艺过程由________、________和________三个阶段组成，并可用热处理工艺曲线来表示。

4. 钢的热处理依据是____________相图，基本原理是利用钢在________和________时其内部组织发生转变的基本规律。

5. 根据工艺总称、工艺类型和工艺名称（按获得的组织状态或渗入元素进行分类），常用热处理工艺分为常规热处理和表面热处理。其中常规热处理又分为________、________、________和________；表面热处理又分为表面________和________热处理。

6. 热处理之所以能使钢的________发生变化，其根本原因是铁具有____________转变的特性，从而使钢在加热和冷却过程中发生________和________上的变化。

7. 在热处理工艺中，常采用________转变和________冷却转变两种冷却方式。在共析温度 A_1 以下存在的奥氏体称为________奥氏体，也称为亚稳奥氏体，它具有较强的________趋势，可以转变为其他组织。

8. 珠光体的力学性能主要取决于片层间距的________，片层间距越____，则珠光体的塑性变形抗力越____，强度和硬度越高。

9. 共析钢过冷奥氏体等温转变产物贝氏体可分为____贝氏体和____贝氏体，其中____贝氏体是制造各种复杂模具、量具、刀具的理想组织。

10. 马氏体的硬度主要取决于马氏体中____的质量分数，____状马氏体的碳的质量分数高，硬度高而脆性大。________状马氏体具有良好的强度和较好的韧性。

二、判断题（正确的打“√”，错误的打“×”）

1. 实际加热时的临界点总是低于相图上的临界点。（　　）

2. 钢在实际加热条件下的临界点分别用 A_{r1}、A_{r3}、A_{rcm} 表示。（　　）

3. 实际生产过程中金属材料随着加热或冷却速度的增加，其相变点的偏离程度将逐渐增大。（　　）

4. 钢加热时，珠光体向奥氏体转变刚刚结束时，奥氏体晶粒是比较细小的。 (　　)

5. 生产中常采用快速加热、短时保温的方法来细化晶粒。 (　　)

6. 过冷奥氏体在“鼻尖”附近最稳定，不易发生分解。 (　　)

7. 下贝氏体具有较高的硬度和强度，同时塑性、韧性也较好。 (　　)

8. 连续冷却转变曲线又叫做 CCT 曲线，由于比较复杂，测试困难，因此生产中往往用 C 曲线来近似地分析钢在连续冷却时的转变过程及产物。 (　　)

三、选择题（将正确答案的代号填入括号内）

1. 共析钢（$w_C = 0.77\%$）的室温平衡组织为（　　）。

A. 铁素体　　B. 莱氏体　　C. 珠光体

2. 过冷奥氏体是指冷却到（　　）温度以下仍未转变的奥氏体。

A. M_s　　B. M_f　　C. A_{r1}

3. 过冷奥氏体在 A_1 线以下 500℃进行等温转变生成的产物为（　　）。

A. 上贝氏体　　B. 索氏体　　C. 马氏体

4. 当奥氏体的冷却速度大于该钢的 $v_{临}$ 急冷到 M_s 线以下时，奥氏体便不再转变为除（　　）外的其他组织。

A. 珠光体　　B. 索氏体　　C. 马氏体

四、名词解释

1. 过冷奥氏体的等温转变

2. 过冷奥氏体的连续冷却转变

五、简答题

1. 试画出热处理工艺曲线。

2. 什么是临界点？指出 A_{c1}、A_{c3}、A_{ccm}，A_{r1}、A_{r3}、A_{rcm}及 A_1、A_3、A_{cm}之间的关系。

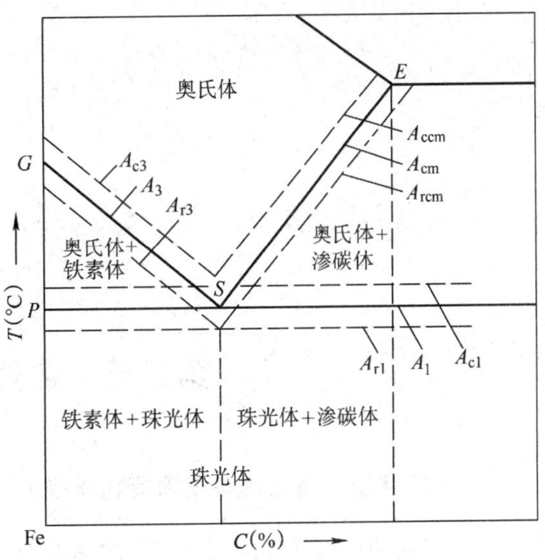

3. 简述共析钢在热处理加热时奥氏体的形成过程。

4. 控制奥氏体晶粒长大的措施有哪些？

5. 简述共析钢过冷奥氏体在 $A_1 \sim M_f$温度之间，等温转变温度与转变产物的组织及性能。

第二节　热处理的基本方法

一、填空题（将正确答案填写在横线上）

1. 退火和正火是应用最为广泛的热处理工艺，可以改善钢件的________性能和________性能，为________加工及________热处理（淬火）做好组织、性能准备。

2. 在机械制造过程中，一般将退火作为________热处理工序，退火工艺种类很多，常用的有__________退火、__________退火、球化退火、均匀化退火、__________退火等。

3. 正火主要用于低、中碳钢和__________结构钢的铸、锻件消除应力和________前的预备热处理，也可用于某些低温化学热处理件预处理及某些结构钢的________热处理。

4. 淬火与________工艺合理配合，可提高钢铁材料的刚性、__________、__________、疲劳强度以及__________等，以获得所需要的使用性能。

5. 马氏体是碳或合金元素在 α－Fe 中的__________固溶体，是单相亚稳组织，硬度较__________，其硬度主要取决于马氏体中__________的质量分数。

6. 淬火是热处理工艺过程中较为复杂的一种工艺，在制定淬火工艺时，应合理选择淬火________温度、________介质和淬火________，这是决定产品最终质量的关键。

7. 常用的淬火冷却介质有____、____、盐水、碱水等，它们的冷却能力依次________。其中，____和全损耗系统用油是目前生产中应用最广的冷却介质。

8. 工件经过调质处理后，不仅具有较高的_________和_________，而且_________和________也明显比正火处理的高。

9. 调质处理一般作为工件的________热处理，但由于调质处理后钢的________不太高，便于切削加工，并能得到较好的表面质量，故也常作为表面淬火和化学热处理的________热处理。

二、判断题（正确的打“√”，错误的打“×”）

1. 一些对性能要求不高的机械零件或工程构件，退火和正火也可作为最终热处理。（　　）

2. 生产中尽可能采用退火来代替正火。（　　）

3. 回火是钢铁材料强化的基本手段之一。（　　）

4. 马氏体中碳的质量分数越高，其硬度也越高。（　　）

5. 为了防止奥氏体晶粒粗化，淬火温度不宜选的过高，一般为 A_{c3}（或 A_{c1}） +（30 ~ 50)℃。（　　）

6. 对于亚共析钢，随着碳质量分数的提高，其淬透性降低；但对于过共析钢，随着碳质量分数的提高，其淬透性却提高。（　　）

7. 淬火后硬度高的钢，淬透性就高。（　　）

8. 一般来说，合金钢的淬透性要比碳钢好。（　　）

9. 淬火后的钢，其回火温度越高，回火后的强度和硬度也越高。（　　）

10. 淬火钢在回火过程中，由于组织没有发生变化，钢的性能也不会发生改变。（　　）

三、选择题（将正确答案的代号填入括号内）

1. 非合金钢的淬火温度可由（　　）确定。

A. M_s线　　B. C 曲线　　C. Fe - FeC 相图

2.（　　）是指钢淬火时获得马氏体组织深度的能力，它是钢材的一种属性。

A. 淬硬性　　B. 淬透性　　C. 耐磨性

3. 回火时，由于温度决定钢的组织和性能，所以生产中常以工件的（　　）来决定回火温度。

A. 硬度　　B. 强度　　C. 刚性

4.（　　）的复合热处理工艺也称为调质处理。

A. 淬火 + 高温回火　　B. 淬火 + 中温回火　　C. 淬火 + 低温回火

5. 低碳钢和过共析钢不宜采用（　　）退火。

A. 完全　　B. 等温　　C. 球化

6. 钢在调质处理后的组织是（　　）。

A. 回火马氏体　　B. 回火屈氏体　　C. 回火索氏体

7. 用 65Mn 钢做弹簧，淬火后应进行（　　）。

A. 高温回火　　B. 低温回火　　C. 中温回火

四、名词解释

1. 退火

2. 正火

3．淬火

4．回火

五、简答题

1．正火与退火有何区别？

2．什么是完全退火？试说明其适用范围。

3．什么是球化退火？它适用于哪些钢的热处理？

4．什么是去应力退火？它的主要作用是什么？

5. 常用的淬火方法有哪几种？

6. 淬透性与淬硬性有何区别？

7. 常见的淬火缺陷主要有哪些？

8. 淬火钢回火的目的是什么？

9. 什么是回火脆性？

第三节　钢的表面热处理

一、填空题（将正确答案填写在横线上）

1. 表面热处理是指为改变工件表面的________和________，仅对其表面进行热处理的工艺。常用的表面热处理方法有表面________和________热处理两类。

2. 表面淬火是最常用的表面热处理工艺之一。按________方法的不同，主要有________淬火、________淬火、接触电阻加热淬火、________表面淬火等。

3. 感应淬火主要适用于________碳钢和________合金钢的淬火。根据电流频率的不同，感应淬火分为________感应淬火、________感应淬火和________感应淬火三种。

4. 化学热处理是通过________过程、________过程和________过程三个基本过程来完成的。目前，在机械制造业中，最为常用的化学热处理是____________、____________和____________。

5. 根据渗碳介质的工作状态，渗碳方法可分为________渗碳、________渗碳和________渗碳。渗碳新技术有________渗碳和________渗碳等。

6. 渗氮方法有多种，在生产中渗氮主要用来处理一些________和________的精密零件。目前应用最广泛的是________渗氮和________渗氮。

7. 碳氮共渗工艺分为________和________两种，目前广泛应用的是________气体碳氮共渗。

二、判断题（正确的打"√"，错误的打"×"）

1. 感应加热表面淬火工件加热速度快、时间短、变形小，基本无氧化和脱碳现象。（　）
2. 火焰加热表面淬火适用于单件或小批量生产的中小型零件。（　）
3. 气体渗碳原料气资源丰富，工艺成熟，应用最广泛。（　）
4. 气体渗氮所需时间很长，渗氮层也较厚。（　）
5. 钢渗氮后无需淬火即有很高的硬度及耐磨性。（　）
6. 渗氮生产周期短，成本低，渗氮层薄而脆，不宜承受集中的重载荷。（　）

三、选择题（将正确答案的代号填入括号内）

1. 化学热处理与其他表面淬火相比，主要区别是（　）。
   A. 组织变化　　B. 加热温度　　C. 改变表面化学成分
2. 火焰加热表面淬火和感应加热表面淬火相比（　）。
   A. 质量稳定　　B. 淬硬层更容易控制　　C. 设备简单
3. 渗氮零件与渗碳零件相比（　）。
   A. 渗层硬度高　　B. 渗层更厚　　C. 时间更短
4. 含有（　）等合金元素的钢是最常用的渗氮钢。
   A. W、Mo、V　　B. Cr、Mo、Al　　C. Si、Mn、S
5. 工件渗碳后，必须经（　）才能满足使用性能的要求。
   A. 淬火+低温回火　　B. 淬火+中温回火　　C. 调质
6. 生产中，普通渗氮时常用（　）作渗氮介质，是因为其极易分解出活性原子。
   A. 氨气　　B. 氮气　　C. 二氧化氮

四、名词解释

1．渗碳

2．渗氮

3．化学热处理

五、简答题

1．生产中哪些零件需要进行表面热处理?

2．什么是表面淬火?表面淬火的目的是什么?

3. 在感应加热表面淬火中，电流频率与淬硬层深度的关系如何？

4. 渗氮与渗碳相比具有何特点？

5. 简述一般渗氮零件的加工工艺路线。

第四章　低合金钢和合金钢

第一节　合金元素在钢中的作用

一、填空题（将正确答案填写在横线上）

1. 除____外，所有的合金元素溶解于奥氏体后，均可增加过冷奥氏体的________性，推迟其向珠光体的转变，使C形曲线____移，从而减小钢的淬火________冷却速度，提高钢的________性。

2. 锰、铬、钼、钨、钒、钛等元素与碳能形成碳化物，根据合金元素与碳的亲和力不同，它们在钢中形成的碳化物可分为________________________和________________________两类。

3. 特殊碳化物比合金渗碳体具有更高的__________、__________和__________，而且更稳定，不易分解。

二、判断题（正确的打"√"，错误的打"×"）

1. 在相同强度条件下，合金钢要比碳钢的回火温度高。　　　　（　　）

2. 所有的合金元素都能溶于铁素体，形成合金铁素体。　　　　（　　）

3. 钢中的特殊碳化物呈弥散分布时，将显著提高钢的强度、硬度和耐磨性，而降低韧性。　　　　（　　）

4. 在相同的回火温度下，合金钢比碳的质量分数与之相同的碳素钢具有更高的硬度和强度。　　　　（　　）

三、选择题（将正确答案的代号填入括号内）

1. 40MnVB 钢中 B 元素的主要作用是（　　）。

A. 强化铁素体　　B. 提高回火稳定性　　C. 提高淬透性

2. 20CrMnTi 钢中 Ti 元素的主要作用是（　　）。

A. 细化晶粒　　B. 提高淬透性　　C. 强化铁素体

四、名词解释

1. 回火稳定性

2. 红硬性

五、简答题

1. 什么是合金钢?

2. 合金元素在钢中有哪些主要作用?

第二节　低合金钢和合金钢的分类及牌号

一、填空题（将正确答案填写在横线上）

1. 低合金钢按主要质量等级可分为＿＿＿＿＿＿低合金钢、＿＿＿＿＿＿低合金钢和＿＿＿＿＿＿低合金钢。

2. 低合金钢按主要性能或使用特性可分为可＿＿＿＿的低合金钢高强度结构钢、低合金＿＿＿＿钢、低合金混凝土用钢及预应力用钢、＿＿＿＿用低合金钢、＿＿＿＿用低合金钢和其他低合金钢（如焊接用钢）。

3. 合金钢按主要质量等级可分为＿＿＿＿＿＿合金钢和＿＿＿＿＿＿合金钢。

4. 合金钢按主要性能或使用特性可分为＿＿＿＿结构用合金钢，＿＿＿＿结构用合金钢，不锈、耐蚀和耐热钢，＿＿＿＿钢，＿＿＿＿钢，特殊物理性能钢，其他合金钢。

5. 国家标准 GB/T 221—2008 规定，我国钢铁产品牌号采用大写＿＿＿＿＿＿字母、＿＿＿＿＿＿符号和＿＿＿＿＿＿数字相结合的方法来表示。为了便于国际交流和贸易，也可采用大写＿＿＿＿＿＿或＿＿＿＿＿＿符号来表示。

6. 低合金结构钢的牌号通常由以下四部分组成：前缀符号 + ＿＿＿＿＿，钢的＿＿＿＿

等级，________方式表示符号，钢产品________、________和工艺方法表示符号。

7. 低合金高强度结构钢的牌号也可以采用____位阿拉伯数字表示的平均碳的质量分数加合金元素________及必要时加代表产品________、________和工艺方法符号来表示。

8. 合金结构钢的牌号通常由____位阿拉伯数字表示的平均碳的质量分数加以化学元素符号及阿拉伯数字表示的合金元素________加钢材冶金________加钢产品________、________和工艺方法表示符号组成。

9. 合金工具钢的牌号通常由平均__________加以化学元素符号及阿拉伯数字表示的合金元素________两部分组成。

10. 不锈钢和耐热钢的牌号通常由用____位或____位阿拉伯数字表示的碳的质量分数最佳控制值加以化学元素符号及阿拉伯数字表示的合金元素________组成。

二、判断题（正确的打"√"，错误的打"×"）

1. 在国家标准 GB/T 13304.1—2008 中规定，低合金钢与合金钢是按所含合金元素的质量分数来划分的。 (　　)

2. 合金结构钢牌号中表示平均碳的质量分数的阿拉伯数字以千分之几计。 (　　)

3. 合金弹簧钢牌号的表示方法与合金结构钢相同。 (　　)

4. 为了区别牌号，在牌号头部可以加"C"表示高碳高速工具钢。 (　　)

5. 合金工具钢牌号中表示平均碳的质量分数的阿拉伯数字以万分之几计。 (　　)

6. 不锈钢和耐热钢中有意加入的铌、钛、锆、氮等合金元素，虽然含量很低，也应在牌号中标出。 (　　)

7. 高碳铬轴承钢的牌号通常由（滚珠）轴承钢表示符号"G"加合金元素"Cr"符号及其含量（以千分之几计）组成。 (　　)

8. 对超低碳不锈钢（即碳的质量分数 $w_C \leq 0.030\%$），碳的质量分数最佳控制值在牌号中以十万分之几计。 (　　)

三、选择题（将正确答案的代号填入括号内）

1. 低合金钢中，所含 Cr、Cu、Mo、Ni 合金元素质量分数的总和应不大于规定最高界限值总和的（　　）%。

A. 60　　B. 70　　C. 80

2. 合金结构钢的牌号中合金元素平均含量小于（　　）%时，牌号中仅标明元素，一般不标明含量。

A. 0.50　　B. 1.50　　C. 1.00

3. 高速工具钢牌号表示方法与合金（　　）相同。

A. 结构钢　　B. 弹簧钢　　C. 工具钢

4. 合金工具钢的平均碳的质量分数大于（　　）%时，牌号中不标明碳的质量分数数字。

A. 0.50　　B. 1.50　　C. 1.00

5. 渗碳轴承钢在牌号头部加符号"G"，采用合金（　　）的牌号表示方法。

A. 结构钢　　B. 弹簧钢　　C. 工具钢

6. 高碳铬不锈轴承钢和高温轴承钢在牌号头部加符号“G”，采用（　　）的牌号表示方法。

A. 结构钢　　B. 工具钢　　C. 不锈钢和耐热钢

四、简答题

1. 低合金钢与合金钢是如何划分的？

2. 简述合金结构钢牌号中第二部分（合金元素含量）的表示方法。

3. 简述不锈钢和耐热钢的牌号表示方法。

4. 简述轴承钢的牌号表示方法。

5. 解释下列 4 个钢牌号的含义。

（1）Q345D

（2）GCr15SiMn

（3）G20CrNiMoA

（4）G80Cr4Mo4V

第三节 低合金钢

一、填空题（将正确答案填写在横线上）

1. 低合金钢广泛用于制造工程构件。按主要性能及使用特性不同，常用低合金钢可分为低合金__________钢、低合金__________钢及低合金__________用钢等。

2. 低合金高强度结构钢的_________过程与非合金钢类似，而且______与非合金钢接近，一般在______或______状态下使用，具有良好的使用价值和经济价值。

3. 国家体育场馆——“鸟巢”钢结构所用钢材绝大部分是______低合金高强度结构钢，而受力较大“肩部”采用了我国自主研发的______钢材。

4. 低合金耐候钢是在低碳非合金钢的基础上加入少量___、___、___等合金元素，使钢表面形成一层保护膜的钢。我国目前使用的耐候钢分为______耐候钢和______耐候钢两大类。

5. 汽车用低合金高强度冷连轧钢板及钢带，是在低碳钢中通过单一或复合添加___、___、___等微合金元素，形成碳氮化合物粒子析出进行强化，同时通过微合金元素的细化晶粒作用，以获得较高的______。

6. 汽车用低合金高强度冷连轧钢板及钢带的牌号由冷轧的首位英文字母“___”、规定的最小______强度值、低合金的英文前二位字母“___”三部分组成。

7. 汽车大梁用低合金热轧钢板和钢带主要用来制造汽车______和______。牌号由______强度下限值和汉语拼音“梁”的首位字母“L”两部分组成。

8. 锅炉和压力容器用低合金钢板分为____________钢、____________钢、____________钢。

9. 锅炉和压力容器用低合金钢板中低合金高强度钢的牌号用______强度值、“___”字和压力容器“___”字的汉语拼音首位字母表示。钼钢和铬—钼钢的牌号，用平均________、合金元素______、压力容器“___”字的汉语拼音首位字母表示。

10. 低温压力容器用低合金钢板的牌号用平均________、合金元素______、低温压力容器“___”和“___”字的汉语拼音首位字母表示。

二、判断题（正确的打“√”，错误的打“×”）

1. 低合金高强度结构钢的碳的质量分数较低，一般≤0.30%，以保证具有良好的塑性、韧性和焊接性能。（　　）

2. Q345 钢具有良好的综合力学性能，塑性和焊接性良好，冲击韧性较好，一般在热轧或正火状态下使用。（　　）

3. Q460E 钢材就是专为搭建“鸟巢”而研制的，其强度是普通钢材的 3 倍。（　　）

4. 汽车大梁用低合金热轧钢板和钢带是在保证性能的前提下，有选择地加入一种或同时加入 Nb、V、Ti 等几种微合金元素，但 Nb、V、Ti 的总含量应不大于 0.22%。（　　）

5. 低温压力容器用低合金钢板中的 Mn 和 Ni 是提高钢的低温硬度的主要元素。（　　）

三、选择题（将正确答案的代号填入括号内）

1. 一般低合金钢的总合金元素的质量分数不超过（　　）%。

A. 3　　　　B. 4　　　　C. 5

2. 汽车大梁用低合金热轧钢板和钢带是在保证性能的前提下，加入稀土元素（RE），但稀土元素（RE）加入量应不大于（　　）%。

A. 0.10　　　　B. 0.20　　　　C. 0.30

四、简答题

1. 分别简述低合金高强度结构钢 Q390 和 Q460 的特性及应用。

2. 低合金耐候钢适用于什么场合？

3. 为什么锅炉、压力容器用低合金钢在生产和使用上必须执行强制性国家标准？

第四节　合　金　钢

一、填空题（将正确答案填写在横线上）

1. 合金结构钢是在优质碳素钢的基础上，适当地加入一种或数种合金元素，用来提高钢的________、________和________。主要包括__________处理的合金钢、__________处理的合金钢、__________成形用合金钢。

2. 合金调质钢一般是指经调质后使用的合金钢。它是在________的基础上加入了一种或数种合金元素，以提高_______性和_______性，使之在调质处理后具有良好的综合力学性能。

3. 合金调质钢的热处理工艺是__________+__________，主要用来制造一些_______复杂的、要求具有良好的综合_______性能的重要零件。

4. 若要求合金调质钢零件表面有很高的硬度和耐磨性，可在调质后再进行表面_______或_______热处理。

5. 合金渗碳钢是在________的基础上加入了一种或数种合金元素，使此类钢具有良好的热处理工艺性能，如高的_______性和_______能力。

6. 合金渗碳钢的热处理工艺是_______+_______+_______回火，主要用于制造要求高_______性、承受高接触应力和_______载荷的重要零件。

7. 合金弹簧钢是用于制造_______或者其他_______零件的钢种。合金弹簧钢必须具有高的_______点和_______比、_______极限、抗_______性能，以保证弹簧有足够的弹性变形能力并能承受较大的载荷。

8. 为保证弹簧具有高的强度和足够的韧性，热处理工艺通常采用_______+__________。对热成形弹簧，可采用热成形_______淬火，对热冷成形的弹簧，有时可省去淬火、中温回火工艺，成形后只需进行200~300℃________退火即可。

9. 合金工具钢属于优质钢或高级优质钢。按用途大致可分为__________用钢和__________工具用钢。主要用来制造各种刀具、量具、工具以及_______零件等。

10. 量具刃具钢的预先热处理为_______退火，最终热处理为_______加_______回火。高精度量具在淬火后可进行____处理，以减少残余奥氏体量，从而增加其尺寸稳定性。为了进一步提高尺寸稳定性，淬火回火后，还可进行_______处理。

11. 高速工具钢在热处理后形成大量的碳化物，可以使高速工具钢获得高_______性、高_______性、高_______性和良好的韧性。

12. 高速工具钢的淬火组织为________+未溶合金碳化物+残留________。如果淬火后先经冷处理，则回火____次即可。

13. 轴承钢是用于制造滚动轴承的________和________的钢种，有时也可用于制作精密_______、_______模、机床_______等精密耐磨零件。

14. 不锈钢属于特殊质量合金钢，是指以不锈、耐蚀性为主要特性，且铬含量至少为____%，碳的质量分数最大不超过____%的钢，是__________钢的简称。

15. 耐热钢属于特殊质量合金钢，是指在高温下具有良好的_______稳定性和较高_______的钢。钢的耐热性包括在高温下对__________作用的抗力和在高温下对__________作用的抗力。

16. 耐磨钢是指具有良好________性能的钢铁材料的总称。耐磨钢种类繁多，大体上可分为______________、______________、______________以及特殊耐磨钢等。

17. 奥氏体锰钢不易_______加工，但其_______性能好，可铸成复杂形状的铸件，特别适用于制作____时间经受____冲击物料磨损的耐磨构件。

二、判断题（正确的打“√”，错误的打“×”）

1. 弹簧钢在热处理后通常进行退火处理，其目的是在弹簧表面产生残余压应力，以提高弹簧的疲劳强度。（　　）

2. 合金工具钢由于加入了所需的合金元素，并对S、P等杂质元素进行了严格控制，其淬硬性、淬透性、耐磨性和韧性均比碳素工具钢高。（　　）

3. 高速工具钢常用于制造高效率的切削刀具和形状复杂、载荷较大的成形刀具。（　　）

4. 高速工具钢属于高碳高合金工具钢，合金元素含量达10%～15%。（　　）

5. 高速工具钢淬火后一般要经550～570℃二次回火。（　　）

6. 轴承钢是所有钢铁生产中要求最严格的钢种之一。（　　）

7. 耐空气、蒸汽、水等弱腐蚀介质或具有不锈性的钢种称为耐酸钢；耐化学介质腐蚀（酸、碱、盐等化学浸蚀）的钢种称为不锈钢。（　　）

8. 普通不锈钢一般耐化学介质腐蚀，而耐酸钢则一般不具有不锈性。（　　）

9. 06Cr19Ni10钢既可作为不锈耐酸钢使用，也可作为耐热钢使用。（　　）

10. 奥氏体锰钢必须在有剧烈的冲击或较大压力时，才能在表面产生加工硬化，使其显示出高的耐磨性，否则奥氏体锰钢是不耐磨的。（　　）

三、选择题（将正确答案的代号填入括号内）

1. 合金调质钢的碳的质量分数w_C一般在（　　）之间。
A. 0.25%～0.50%　　B. 0.10%～0.25%　　C. 0.50%～0.70%

2. 合金渗碳钢的碳的质量分数w_C一般在（　　）之间。
A. 0.25%～0.50%　　B. 0.10%～0.25%　　C. 0.50%～0.70%

3. 合金弹簧钢的碳的质量分数w_C一般在（　　）之间。
A. 0.25%～0.50%　　B. 0.10%～0.25%　　C. 0.50%～0.70%

4. 为了保证量具刃具合金工具钢具有高的硬度，满足形成合金碳化物的需要，钢中碳的质量分数w_C一般在（　　）之间。
A. 0.75%～1.45%　　B. 0.35%～0.65%　　C. 0.10%～0.25%

5. 耐冲击合金工具钢一般属于中碳合金钢，碳的质量分数w_C一般在（　　）之间。
A. 0.75%～1.45%　　B. 0.35%～0.65%　　C. 0.10%～0.25%

6. 合金调质钢处理后获得回火（　　）组织。
A. 奥氏体　　B. 铁素体　　C. 索氏体

7. 合金渗碳钢处理后，渗层的组织为（　　）。
A. 马氏体和合金碳化物　　B. 索氏体　　C. 铁素体

8. 高速工具钢在（　　）℃左右的工作温度下仍能保持高的硬度。
A. 400　　B. 600　　C. 800

9. 高速工具钢的强度比碳素工具钢和低合金工具钢约高（　　）。
A. 20%～30%　　B. 30%～50%　　C. 50%～60%

10. 无磁性的不锈钢是（　　）型不锈钢。
A. 奥氏体　　B. 铁素体　　C. 马氏体

四、简答题

1．简述40Cr合金调质钢的特性及应用。

2．简述60Si2Mn合金弹簧钢的特性及应用。

3．高速工具钢是如何按化学成分分类的？各有何特性？

4．简述GCr15轴承钢的特性及应用。

5．为什么奥氏体锰钢既耐磨又具有很好的韧性？

第五章　模具材料基础知识

第一节　模具材料的发展及分类

一、填空题（将正确答案填写在横线上）

1. 模具是机械制造工业中用来________各种工业产品（毛坯或零件）的一种重要工艺装备。模具的性能和寿命取决于模具________的选择、__________和表面处理技术。

2. 随着我国科学技术的飞速进步，模具技术及制造方式发生了根本性的变化，已经从传统的________设计、从有经验的钳工师傅为主导的________型生产方式转变为以________化、________化、________化生产为特征的现代模具工业生产方式。

3. 模具材料的品种繁多，分类方法也不尽相同。按模具类别不同，可将模具材料分为________模具材料、________模具材料、________模具材料等；按材料类别不同，可将模具材料分为____________材料、____________材料、____________材料等。

二、判断题（正确的打“√”，错误的打“×”）

1. 模具技术已成为衡量一个国家产品制造水平的重要标志之一。（　　）
2. 国内模具钢种系列化程度高。（　　）
3. 国内模具钢冶金质量低、成材率低。（　　）

三、选择题（将正确答案的代号填入括号内）

1. 工业产品的（　　）生产和新产品开发都离不开模具。

A. 大批量　　B. 小批量　　C. 单件

2. 下列（　　）不属于模具生产制件的特点。

A. 高精度　　B. 高生产率　　C. 高耗能、高耗材

四、简答题

1. 国外模具材料的发展现状有哪些特点？

2. 国产模具材料与发达国家相比，存在的差距主要表现在哪几个方面？

第二节　模具寿命与选材

一、填空题（将正确答案填写在横线上）

1. 模具的质量包括模具的____________、____________要求和模具____________三个方面，其中__________和__________是影响模具使用寿命的最重要的内在因素。

2. 模具材料对模具寿命的影响反映在模具材料的选择是否________、材质是否________和使用是否________三个方面。选材时还要兼顾模具的________性能要求。

3. 热处理对模具寿命的影响主要反映在热处理________要求不合理和热处理________不良两个方面。

4. 模具制造过程包括模具毛坯的________、零件的________加工、零件的________加工和模具的__________等环节，模具制造过程对模具寿命影响很大。

5. 影响模具寿命的工作条件主要包括成形件的________和________、设备特性、____________等。

6. 在电火花加工过程中，由于受________高温作用和工作液________冷却作用，材料的已加工表面发生化学成分和组织结构的变化，形成加工表面变质层。电火花加工表面变质层大致分为____________层和____________层。

7. 机床调整和操作因素包括机床的________、________、间隙________、定位________和偶然________等。

8. 模具的管理在生产中指模具在________、________、拆卸、________、保管及入库时的________处理等要遵守的规程，以避免因人为疏忽而带来模具的损伤。

9. 选用模具材料时，根据模具的________条件、________要求、________形式以及________性的高低等，提出材料的强度、硬度、塑性和韧性等性能要求，同时还要考虑尺寸效应及主要的、关键的性能指标，使所选材料满足模具________性能的要求。

10. 为保证模具的制造质量，降低生产成本，其选用的材料应具有良好的________性、良好的________工艺性、良好的________加工性、较小的氧化及脱碳敏感性、良好的________性、良好的________性、较低的淬火变形开裂倾向和良好的可磨削性。

二、判断题（正确的打“√”，错误的打“×”）

1. 整体式模具不可避免地存在凹圆角半径，容易造成应力集中而产生裂纹。（　　）

2. 模具经电火花加工后应重新回火，以消除内应力，但回火温度不能低于电火花加工前的最高回火温度。 (　　)

3. 金属件成形模比非金属件成形模的寿命短。 (　　)

4. 为便于制造，模具应选择具有良好加工工艺性能的材料，尤其在小批量生产时，材料的易加工性显得更为突出。 (　　)

5. 材料的耐磨性是模具最基本、最重要的性能之一。 (　　)

6. 一般情况下，模具工件的硬度越高，磨损量越小，耐磨性也越好。 (　　)

7. 为防止在工作时突然脆断，模具应具有较高的强度和硬度。 (　　)

8. 模具在工作过程中，在循环应力的长期作用下，往往发生疲劳断裂。 (　　)

9. 冷热疲劳是热作模具失效的主要形式之一，这类模具应具有较高的抗回火稳定性能。 (　　)

10. 模具材料的通用性也是选用模具材料时必须考虑的因素。 (　　)

三、选择题（将正确答案的代号填入括号内）

1. 尖锐圆角引起的应力集中可超过平均计算应力的（　　）倍。

A. 5　　B. 10　　C. 15

2. 统计资料表明，由于选材和热处理不当导致的模具早期失效约占（　　）%。

A. 70　　B. 80　　C. 90

3. 研究表明，熔化凝固层所含有的非回火（　　）组织中存在着显微裂纹。

A. 马氏体　　B. 奥氏体　　C. 碳化物

4. 当模具使用一段时间后，将模具卸下并进行去应力退火，消除或降低模具中的内应力，中间去应力退火应比模具退火温度低（　　）℃。

A. 20~30　　B. 30~50　　C. 60~70

四、简答题

1. 影响模具寿命的主要因素有哪些？

2. 简述选用模具材料的一般原则。

3. 如何根据使用性能选择模具材料？

第六章　冷作模具材料

第一节　冷作模具材料及性能要求

一、填空题（将正确答案填写在横线上）

1．冷作模具是指在____温下对金属或非金属材料进行________加工或其他加工所使用的模具。典型的冷作模具主要分为________模、拉拔及成形模、________模、________模等。

2．冷冲裁模主要用于各种板材的冲切及成形，包括________模、________模、________模等。要求冷冲模材料具有高的________性、________韧性以及________断裂性能。

3．拉拔及成形模是指将____材或____材进行延伸或压迫使之成为一定尺寸及形状的产品的模具。它包括________模、胀形模、________模、________模和拔管模等。

4．冷挤压模是指使金属坯料在强大而均匀的近似于____挤压力的作用下，产生塑性变形流动而形成产品的模具。根据金属流动状况分为________挤压、________挤压、________挤压和________挤压等。

5．冷镦模是指在________力作用下将____材镦成一定尺寸及形状的产品的模具。主要用来加工各种形状的螺钉、铆钉、螺栓和螺母等的________。冷镦模具应具有较高的________和足够的________韧性及________性。

6．模具在使用中突然出现裂纹或发生破损而失效，按其损坏情况可分为__________破损和__________破损。按其断裂过程的特征，又可分为________断裂和________断裂两种形式。

7．在模具中常遇到的磨损形式有________磨损、________磨损、________磨损和________磨损等。

8．模具材料的强度是指模具在工作过程中抵抗________和________的能力。强度指标主要包括________屈服点和________屈服点。

9．由于冷作模具（如冷镦、冷挤、冷冲）一般是在________载荷下工作的，所以此类模具的失效形式多为________破坏。

10．回火稳定性反映了冷作模具受热软化的抗力，可以用________温度（保持硬度为58HRC的最高回火温度）和____________硬度来评定。

二、判断题（正确的打“√”，错误的打“×”）

1．冷挤压模具除需具有高强度外，还需具有足够的冲击韧性和耐磨性。（　　）

2．疲劳断裂常见于各种轻载模具，如冷挤压模。（　　）

3．冷作模具材料中碳的质量分数一般应在0.60%以上。（　　）

4．对一般工作条件下的冷作模具，因受到的是小能量多次冲击载荷的作用，其失效形

式通常是脆性断裂。（　　）

5．一般模具材料中的 Si、Ca 和稀土元素可改善其淬透性。（　　）

6．回火稳定性越高，钢材的热硬性越好，在相同的硬度情况下，其韧性也较好。（　　）

三、选择题（将正确答案的代号填入括号内）

1．冷挤压钢材时，模具所受的应力常达（　　）MPa。

A．1 000 ~ 1 500　　B．2 000 ~ 2 500　　C．3 000 ~ 3 500

2．金属坯料在模具中发生强烈的塑性变形，会使模具温度升高至（　　）℃左右。

A．200 ~ 300　　B．300 ~ 400　　C．400 ~ 500

3．为提高冷作模具的抗磨损能力，通常要求模具硬度应高于工件硬度的（　　）。

A．20% ~ 30%　　B．30% ~ 50%　　C．50% ~ 70%

四、简答题

1．简述冷冲裁模的工作原理。

2．拉深模在工作时有何特点？

3．冷镦模在工作时有何特点？

4. 冷作模具常见的失效形式有哪些？

5. 简述冷作模具材料的使用性能要求。

6. 简述冷作模具材料的工艺性能要求。

第二节 冷作模具钢的性能及热处理工艺

一、填空题（将正确答案填写在横线上）

1. 冷作模具钢按其所制造模具的工作条件，一般应具有高的________、强度、________性，足够的________，以及高的________性、________性和其他工艺性能。

2. 高碳低合金冷作模具钢 CrWMn 是使用较为广泛的冷作模具钢，又称__________钢。主要用于制造要求变形____、形状较________的轻载冲裁模、拉深模、弯曲模、翻边模等。

3. 高碳低合金冷作模具钢 9Mn2V 是冷作模具钢中唯一不含____元素的经济型钢种，综合力学性能比____________钢好，适用于制造各种精密量具、样板，以及一般要求的尺寸较____的冲模、冷压模、雕刻模、落料模、剪刀等，也可用于机床的________等结构件。

4. 冷作模具钢 Cr12MoV 属于高碳高铬类型________体钢，具有良好的________性和________性，淬火体积变化____，广泛用于制作形状________、高________或重载冷作模具，以及要求高________的冷冲模和冲头等。

5. W6Mo5Cr4V2 钢是________系通用型高速钢的代表钢号。它是含有多种合金元素的高合金钢，属________体型钢，具有高强度、高__________性、高耐磨性、高__________性、高淬透性以及足够的塑性和韧性。

6. 6Cr4W3Mo2VNb 钢是一种含____基体钢，因平均碳的质量分数为 65%，故也简称____钢。它不仅具有高速钢的高________和高________，而且具有比高速钢更高的________和__

______强度。

7. 7CrSiMnMoV 钢又称________钢，是我国新发展起来的一种值得推广应用的新钢种。常用来制造尺寸较____、形状________、截面较____的大型冷作模具。

8. 7Cr7Mo2V2Si 钢是我国上海材料研究所研制的新型高________性耐磨冷作模具钢，最初是针对________模具研制的，故按其用途又称之为 LD 钢。

二、判断题（正确的打“√”，错误的打“×”）

1. 我国已研发并初步建立起接近世界先进水平的冷作模具钢系列。 （ ）
2. 目前已纳入国家标准的冷作模具钢系列有 19 个钢种。 （ ）
3. 冷作模具钢一般碳的质量分数较高，以形成大量碳化物，提高耐磨性、淬透性和耐回火性。 （ ）
4. CrWMn 钢对形成网状碳化物比较敏感，碳化物网使工模具刃部有剥落的危险，降低工模具的使用寿命，一般可通过锻后退火予以改善。 （ ）
5. Cr12MoV 钢是应用范围最广、数量最大的冷作模具钢。 （ ）
6. W6Mo5Cr4V2 钢必须经过三次回火后，奥氏体的体积分数才能降到 2%～3%。 （ ）

三、选择题（将正确答案的代号填入括号内）

1. 冷作模具一直是应用非常广泛的一类模具，其产值占模具总产值的（ ）以上。

   A. 1/2　　B. 1/3　　C. 1/4

2. Cr12MoV 钢具有良好的淬透性，截面尺寸在（ ）mm 以下可以完全淬透。

   A. 400　　B. 500　　C. 600

3. 7CrSiMnMoV 钢与 9Mn2V、CrWMn、Cr12MoV 等其他常用冷作模具钢相比，其（ ）占明显优势。

   A. 抗疲劳性　　B. 淬透性　　C. 强韧性

四、简答题

1. 为什么冷作模具钢的碳的质量分数较高？加入的合金元素对钢的性能有何影响？

2. 如何选择 Cr12MoV 钢的淬火与回火工艺？

3. 为什么用于制造模具的 W6Mo5Cr4V2 钢要经过改锻？

4. 为什么 7CrSiMnMoV 冷作模具钢常用来制造大型冷作模具？

第三节　冷作模具材料的选用

一、填空题（将正确答案填写在横线上）

1. 模具材料对模具的正常使用、模具________和________有着直接的影响，选择冷作模具材料时要考虑它的综合________性能和________性能等，同时兼顾材料的________性。

2. 根据制品板材的________，冷冲裁模具可分为薄板冲裁模和厚板冲裁模两种。对于厚板冲裁模，除要求高的________性、________屈服点外，还应具有高的________性，以防模具崩刃或断裂。

3. 厚板冲裁模承受的________力高于薄板冲裁模，为________载冲裁模，易________、________和________。

4. 通常根据拉深材料的________和________不同，可将拉深模分为轻载拉深模和重载拉深模两类。拉深模具的失效主要为________磨损和________磨损，并以________磨损为主。

5. 冷镦模必须具备高________、高________、高________性和高的________韧度，以提高模具在冲击载荷下的________抗力和________抗力。

6. 预备热处理是指为改善材料________加工性能，消除________力和为最终热处理准备良好的________组织而进行的热处理工艺（如退火、正火、时效、调质等）。

7. ________和________是厚板冲裁模最早出现的失效形式。通常可采用细化________体晶粒及碳化物，获得________马氏体、下贝氏体及复相组织，合理选择________工艺等方法对模具进行强化。

8. 制件拉深时，模具所受的________力很小，主要要求模具应具有高的强度、硬度以及良好的__________性和__________性能。

9. 为使冷挤压模具获得高的表面________和表面残余压应力，常对模具表面进行渗____、渗____、氮碳共渗、镀________等强化处理工艺。

10. 为了提高冷镦模的__________性和__________性，通常可采用渗硼等表面强化处理方法来提高模具的使用寿命。

二、判断题（正确的打“√”，错误的打“×”）

1. 结构复杂、尺寸较大的模具，应采用淬透性好、变形小的材料。（ ）

2. 一般模具材料锻造的温度范围窄，容易被切削加工。（ ）

3. 用 Cr12Mo1V1 钢制作的冲裁模具寿命要高于用 Cr12MoV 钢制作的模具。（ ）

4. 传统的轻载冲裁模具用钢主要有 T8A、Cr12MoV、W6Mo5Cr4V2 钢等。（ ）

5. T8A 钢不能用于制件较少的中厚板冲裁模。（ ）

6. 轻载拉深模生产批量较小时，对于形状简单的筒形浅拉深件，可选用 CrWMn、9Mn2V 钢；对于形状复杂的中小型拉深制件，可选用 T10A 钢或铸铁。（ ）

7. 重载拉深模的生产批量较大时，可选用 Cr12、Cr12MoV 钢。（ ）

8. T10A 钢只宜制作挤压应力较小、批量不大的正挤压模具。（ ）

9. 用 W6Mo5Cr4V2 钢制作的活塞销冷挤压凸模，经气体氮碳共渗后，其寿命可提高 2 倍以上。（ ）

三、选择题（将正确答案的代号填入括号内）

1. 薄板冲裁模是指制品板材的厚度≤（ ）mm。

A. 0.5　　B. 1.5　　C. 2.5

2. 冷镦模工作时，凸模受到强烈的冲击，其承受的最大压应力超过（ ）MPa。

A. 1 500　　B. 2 000　　C. 2 500

3. 厚板冲裁模通过（ ）淬火可以减少变形。

A. 分级　　B. 等温　　C. 高温

4. 对于成形后需要进行线切割的冲裁模，热处理时常采用（ ）淬火或多次回火或高温回火等方法。

A. 分级　　B. 等温　　C. 高温

5. 对于用碳素工具钢制作的冷镦凹模，常采用（ ）淬火方法。

A. 高温　　B. 等温　　C. 喷水

6. 通过渗硼，在冷镦模表面可形成硬度高达（ ）HV 以上的硼化层，同时模具基体也得到进一步强化。

A. 1 100　　B. 1 300　　C. 1 500

四、简答题

1．简述冷作模具选材的基本原则。

2．薄板冲裁模常用的材料有哪些？各用在什么场合？

3．拉深模选材时应考虑哪些因素？

4．简述冷挤压模在制定和实施热处理工艺时应注意的问题。

第七章　热作模具材料

第一节　热作模具材料及性能要求

一、填空题（将正确答案填写在横线上）

1．热作模具是指对将金属材料加热到________温度以上进行压力加工所使用的模具。典型的热作模具主要分为__________模、__________模、__________模、__________模和__________模五大类。

2．热作模具使用中与热态金属相接触，反复_______和_______，承受_______载荷或_______作用。因此，要求热作模具材料具有较高的硬度以及_______性和_______性，一定的强度和韧性，较高的________抗力。

3．锤锻模是在________上使用的热成形模具，在工作过程中容易产生_______集中和________裂纹，其失效形式复杂多样，主要有型腔部分的_______断裂、型腔表面__________、塑性变形、磨损及锤锻模燕尾的_______等。

4．压力机锻模的失效形式主要有_______断裂、_______疲劳、塑性变形、磨损及模具型腔的表面_______腐蚀失效等。

5．热挤压模是使被加热的金属在高温___应力状态下成形的一种模具。要求热挤压模材料具有较高的__________性、__________性、__________性及良好的韧性和耐磨性。

6．热挤压模工作时承受_______应力和_______应力，脱模时承受一定的___应力作用，另外还受到_______载荷的作用。

7．各种压铸模的主要失效形式为_______疲劳。压铸模材料应具有较高的耐热性、__________性、淬透性及良好的高温力学性、__________性、耐腐蚀性和__________性等。

8．热冲裁模是主要用于冲切模锻件的_______和_______的模具。失效形式主要有刃口的________失效、________失效、________失效和_______失效等。

9．热作模具常见的失效形式有________变形失效、________疲劳失效、________失效、________失效和________失效等。

10．热磨损是指模具工作部位和被加工材料之间发生相对运动而产生的损耗，即尺寸_______和表面_______。

11．断裂失效是指材料本身的_______能力不足以抵抗_______载荷而出现的材料断裂，包括_______断裂、_______断裂、_______断裂和_______断裂等。

12．热作模具的腐蚀包括_______、_______和_______。

13．热交变应力易使热作模具材料发生________破坏，导致模具热裂。一般来说，影响钢的热疲劳性能的因素主要有钢的__________和钢的__________。

二、判断题（正确的打“√”，错误的打“×”）

1．热挤压模具与炽热金属接触时间较长，其受热温度比锤锻模更高。（　　）

2．铜合金压铸模的寿命远比铝合金及锌合金压铸模长。（　　）

3．几乎所有的热作模具材料均能满足热冲裁模的工作要求。（　　）

4．断裂和开裂失效约占压铸模失效总数的20%。（　　）

5．受到冲蚀的模具容易导致模具早期失效。（　　）

6．模具钢的高耐磨性要求其不仅硬度高，而且硬化相的分布合理。（　　）

7．热作模具钢不宜采用低碳钢。（　　）

8．通常钢的临界点（A_{c1}）越高，钢的热疲劳倾向性越高。（　　）

三、选择题（将正确答案的代号填入括号内）

1．压铸模是在压铸机上在高压下使（　　）金属压铸成形的一种模具。

A．液态　　B．固态　　C．气态

2．铝合金的熔化温度为（　　）℃。

A．400～430　　B．600～700　　C．900～1 100

3．根据国内铝材压铸模具失效形式的统计，由于冷热疲劳而导致失效的模具占失效模具总数的（　　）。

A．50%～60%　　B．60%～70%　　C．70%～80%

4．断裂和开裂失效约占热锻模失效总数的（　　）。

A．40%～50%　　B．30%～40%　　C．20%～30%

5．根据工作条件，一般要求热作模具钢的硬度为（　　）HRC。

A．30～45　　B．40～55　　C．50～65

6．（　　）是热作模具特有的损坏形式。

A．腐蚀　　B．变形　　C．磨损

四、简答题

1．压铸模有何特点？

2. 热作模具材料的使用性能要求有哪些？

3. 热作模具材料的工艺性能要求有哪些？

第二节　热作模具钢的性能及热处理工艺

一、填空题（将正确答案填写在横线上）

1. 热作模具材料主要用于制造对________状态的金属进行热成形的模具，用于制造热作模具的材料主要有____________钢、________合金和________合金等。

2. 5CrNiMo 钢相对于其他热作模具钢来说，其________性能低，但是有高的________韧度和________强度，属高韧性钢类别，同时还具有好的__________性、__________性和加工工艺性。

3. 中耐热韧性热作模具钢 4Cr5MoSiV1 相当于 ASTM A681 中___钢。具有中等________性、良好的韧性和较好的________性、热疲劳性能和一定的耐磨性，热处理变形___，可空冷淬硬，又可称为____________热作模具钢。

4. 4Cr5MoSiV 钢在中温下具有较高的____强度，好的________和耐磨性，在工作温度下有较好的__________疲劳性能，在热处理时变形较____。这种钢通常用来制造铝铸件用的________模、热挤压和穿孔用的工具及心棒、压力机锻模、塑料模等。

5. 3Cr2W8V 钢退火后硬度一般为 207 ~ 255HBW，故________性稍差些，可采用________淬火，是二次硬化钢。为提高韧性，可采用________回火。

6. 3Cr2W8V 钢广泛用于制造__________模、__________模、有色金属成形模等。还可以制作高温下受力的__________切刀等。

7. 5Cr4W5Mo2V 钢具有较好的________性以及较高的________强度和耐磨性，可以进行一般的热处理或________处理，可代替 3Cr2W8V 钢制造某些__________模具，也用于制造________模、________模、冲头等，使用寿命较长。

二、判断题（正确的打“√”，错误的打“×”）

1. 热作模具钢目前已纳入国家标准（GB/T 1299—2014）的有 22 个钢种。　（　　）

2. 低耐热高韧性热作模具钢 5CrNiMo 中碳的质量分数一般在 0.3% ~0.6% 之间，属于

亚共析钢。 ( )

3．5CrNiMo 钢是目前国内用量最大的锻模用钢。 ( )

4．中耐热韧性热作模具钢 4Cr5MoSiV1 是所有热作模具钢中使用最广泛的钢之一。( )

5．3Cr2W8V 钢是低耐热高韧性热作模具钢。 ( )

6．3Cr2W8V 钢是我国产量较大的热作模具钢之一。 ( )

三、选择题（将正确答案的代号填入括号内）

1．热作模具钢的碳的质量分数一般为（ ），有良好的强度、硬度和韧性。

A．0.1% ~0.2% B．0.3% ~0.6% C．0.6% ~0.7%

2．低耐热高韧性热作模具钢 5CrNiMo 的合金元素总质量分数约为 3%，钢的热稳定性较差，只宜在（ ）℃以下的工况下使用。

A．600 B．500 C．400

3．低耐热高韧性热作模具钢 5CrMnMo 可用于制造工作温度低于（ ）℃的其他小型热作模具。

A．600 B．500 C．400

4．低耐热高韧性热作模具钢 5CrNiMo 用于制造中型模具时的回火温度为（ ）℃。

A．490 ~510 B．520 ~540 C．560 ~580

5．中耐热韧性热作模具钢 4Cr5MoSiV1 具有中等耐热性，其一般工作温度为( )℃。

A．400 ~450 B．500 ~550 C．600 ~650

四、简答题

1．热作模具钢常存的合金元素有哪些？它们对钢的性能有何影响？

2．简述 5CrMnMo 热作模具钢的特性及用途。

3．简述 4Cr5MoSiV1 热作模具钢的回火工艺。为什么应避免其在 500℃附近回火？

4. 简述3Cr2W8V热作模具钢的特性。

第三节　热作模具材料的选用

一、填空题（将正确答案填写在横线上）

1. 热锻模具在高________、高________、高________载荷下工作，经常受到反复的加热和冷却，模具材料必须具有较高的高温________强度、高的________韧度和________韧度，锻模的尺寸一般都比较大，还要求锻模材料具有很好的________性。

2. 4CrMnSiMoV钢是我国在低合金大截面热作模具钢领域发展的钢种之一，该钢具有较高的____________性能，好的____________强度、____________性能和韧性，适于制造各种类型的________模。

3. 热挤压模具是在高__________、高__________、__________和__________等恶劣条件下服役的。热挤压模具主要由挤压筒、________、________和心棒（用于挤压管材）等主要部件组成。

4. 热挤压模具材料具有较高的____________性和____________性，并且还要求具有较高的________性。

5. 挤压模具的寿命与所挤压的________、挤压比密切相关，模具的________条件和________条件对模具寿命也有很大的影响。

6. 从总体上看，压铸模具用钢的使用性能要求与__________模具用钢相近，即以要求____________性、高的____________性与____________性为主。

7. 3Cr3Mo3W2V钢具有较高的____________性、抗____________性能，又具有良好的____________性和抗____________性等。

8. 锤锻模的回火包括________和________两部分的回火。具体的回火温度应根据________及模具的________要求而定。

9. 热挤压模的锻后退火常采用____________退火，为消除链状或网状碳化物，在进行________退火之前还需对模具进行________等预处理。

10. 压铸模用材料多为高合金钢，__________差，热处理加热必须________进行，常采取预热措施。预热________取决于钢的成分和对模具变形的要求。

二、判断题（正确的打“√”，错误的打“×”）

1. 热挤压模具所受的冲击载荷比热锻模小，对冲击韧性与淬透性的要求不及热锻模高。（　）

2. 因为锤锻模的尺寸较大，且大型轧制材料又具有各向异性，为了使其性能尽可能的均匀并获得所需要的形状，必须进行铸造。（　）

3. 为了保证锤锻模获得足够的强度和韧性，最终热处理为淬火后中温或高温回火。（　）

4. 锤锻模可采用二次回火，第二次回火温度比第一次高10℃，回火时间也可相应增长些。（　）

5. 燕尾是锤锻模固定在锤头的部位，其硬度应低于锤头及模具型腔的硬度。（　）

6. 由于热挤压模用材料多为高合金钢，淬透性较好，采用油冷和空冷即可，对要求变形小的也可以采用等温淬火的方式。（　）

7. 压铸模要求有较好的韧性时，往往采用高温淬火；要求有较高的高温强度时，则采用低温淬火。（　）

8. 形状复杂、变形要求高的压铸模采用分级淬火。（　）

三、选择题（将正确答案的代号填入括号内）

1. 锤锻模用钢工作时受冲击负荷作用，对力学性能要求较高，特别是（　）要求较高。

A. 强度　　B. 硬度　　C. 韧性

2. 小型锻压模块一般截面尺寸厚度＜（　）mm。

A. 150　　B. 250　　C. 350

3. 对于形状复杂、机械加工量很大的锤锻模模块，在粗加工后应进行中间去应力退火，退火加热温度通常为（　）℃。

A. 500～550　　B. 600～650　　C. 800～850

4. 压铸模用材料热处理时，为防止变形和开裂，一般应冷却到（　）℃，均热一定时间后立即回火。

A. 150～180　　B. 120～150　　C. 160～190

5. 压铸模必须充分回火，一般回火（　）次。

A. 1　　B. 2　　C. 3

四、简答题

1. 常用的热挤压模具用钢有哪些？应如何选择？

2. 应如何选择常用的压铸模具用材料？

3. 简述锤锻模燕尾的回火方法。

4. 简述热挤压模的回火工艺。

5. 简述压铸模的预备热处理工艺及其目的。

6. 压铸模常采用哪些表面强化处理？

第八章　塑料模具材料

第一节　塑料模具材料及性能要求

一、填空题（将正确答案填写在横线上）

1. 塑料模具是指与塑料成形机配套，对塑料进行加工以形成完整________和精确________的模具。按照成形方法的不同，典型的塑料模具主要有________成形模具、________成形模具、________成形模具、________成形模具等。

2. 塑料模具材料应具有足够的__________和__________、较高的__________性、良好的__________性、__________性和__________性。

3. 塑料制品生产中，应用最广的一种加工方法是________成形，通常只适用于__________塑料的制品生产。

4. 塑料压塑成形模具包括________成形和________成形两种结构模具类型。它们是主要用来成形__________塑料的一类模具，其所对应的设备是________成形机。

5. 塑料挤出成形模具是用来成形生产________形状的塑料产品的一类模具，又叫挤出成形机头，只适用于__________塑料制品的生产，其在结构上与________模具和________模具有明显区别。

6. 吹塑成形的形式按工艺原理分类主要有____________吹塑中空成形、____________吹塑中空成形、____________吹塑中空成形（俗称“注拉吹”）、多层吹塑中空成形、片材吹塑中空成形等。吹塑成形只适用于__________塑料制品的生产。

7. 塑料模具常见的失效形式有表面________、表面________、________变形、________等。

8. 塑料模具材料在硬度、耐磨性和耐蚀性上的要求，主要取决于塑料的________和塑料制品的表面________要求。

9. 塑料模具材料的强度、韧性和疲劳强度的要求主要取决于模具的工作________、工作________和________载荷等服役条件，以及模具本身的________和模具型腔的________程度。

10. 高速注射成形塑料制品要求模具材料具有良好的________性，以使塑料制品尽快在模具中________成形。

11. 塑料模具的塑性加工主要分为__________变形加工和__________变形加工。目前，在塑料模具加工中比较常用的塑性加工方法是__________成形。

12. __________、__________是目前塑料模具加工中常用的两种电加工方法，可用来制造几何形状比较________的模具型腔。

二、判断题（正确的打“√”，错误的打“×”）

1. 耐磨性是塑料模具的基本性能之一。 （ ）
2. 注射模的工作频率较高，要求材料具有较高的硬度。 （ ）
3. 塑料模具除应具有足够的刚度外，还应具有较低的热膨胀系数和稳定的组织。 （ ）
4. 对于型腔尺寸不大的多腔塑料模具，可以采用切削加工方法成形。 （ ）
5. 加工透明塑料制品的塑料模具材料必须具有镜面加工性能。 （ ）
6. 比较重要的塑料模具，在保证使用性能的前提下，应优先选用工艺性能好的材料。 （ ）
7. 超塑性是指金属材料通过超塑性处理所表现出的超常规的塑性变形能力。 （ ）
8. 通常模具钢的基体硬度越低，其镜面加工性能越好。 （ ）

三、选择题（将正确答案的代号填入括号内）

1. 塑料模具的工作温度通常为（ ）℃。

A. 150～250　　B. 250～350　　C. 350～450

2. 塑料注射成形的压力通常为（ ）MPa。

A. 20～100　　B. 30～200　　C. 50～300

3. 模具型腔表面有时需要雕刻花纹、图案、文字等，对这类塑料模具的选材，一定要使其具有良好的（ ）性能。

A. 表面刻蚀　　B. 表面抛光　　C. 镜面加工

4. 钢获得超塑性以后，其伸长率在一定的变形条件下甚至可达到（ ）%。

A. 100　　B. 200　　C. 300

四、简答题

1. 简述塑料注射成形模具注射成形的工作原理。

2. 简述塑料模具材料的使用性能要求。

3. 简述塑料模具材料的工艺性能要求。

4. 影响模具材料镜面加工的主要因素有哪些？

第二节　塑料模具钢的性能及热处理工艺

一、填空题（将正确答案填写在横线上）

1. 目前，模具材料仍然以________为主，但根据塑料的成形工艺条件，也可采用__________合金、__________合金、__________合金等其他材料。

2. 我国已有了自己的塑料模具钢系列，已纳入国家标准的有两种，即__________和__________，国家标准 GB/T 1299—2014 又新增了____个塑料模具钢牌号，目前塑料模具钢已达____个钢种。

3. 所谓预硬钢就是供应时已预先进行了__________，并使之达到模具使用________的钢，可以直接进行加工后交付使用，避免了热处理________的影响，从而保证了模具的制造________。

4. 8Cr2MnWMoVS 钢是____系预硬化型易切削塑料模具钢，具有较高的________性、良好的________加工性能、________抛光性能和表面处理性能，可进行渗____、渗____、镀铬、镀____等表面处理。

5. 5CrNiMnMoVSCa 钢是____、____复合系预硬化型易切削塑料模具钢，预硬处理后具有优良的综合力学性能、耐磨性能、________性能、切削加工性能和镜面抛光性能，表面光洁度____。

6. 5CrNiMnMoVSCa 钢适宜制作各种类型的精密________模具、________模具和________模具。

7. 碳钢型塑料模具钢 SM50 属____合金塑料模具钢，切削加工性能____，适宜制作形状简单的____型塑料模具或精度要求不高、使用寿命不需要很长的塑料模具等，但________性能和________变形性能差。

8. 06Ni6CrMoVTiAl 钢属于低____马氏体____________型塑料模具钢，简称________钢。

9. 固溶处理是时效硬化钢必要的工序，通过固溶处理既可达到________目的，又可以保证钢在最终时效时具有________效应。固溶处理可以利用锻轧后________冷却实现，也可以把钢加热到固溶温度之后____冷或____冷实现。

10. 耐腐蚀型塑料模具钢 4Cr13，属于________型马氏体________钢，在腐蚀性介质中工作时，具有一定的__________能力。

二、判断题（正确的打“√”，错误的打“×”）

1. 我国过去无专用的塑料模具钢，一般塑料模具用正火的 45 钢和 40Cr 钢经调质后制造。（　）

2. 8Cr2MnWMoVS 钢不可用于制作精密的冷冲模具。（　）

3. 预硬化型塑料模具钢 3Cr2Mo 是最早纳入国家标准的专用塑料模具钢。（　）

4. 5CrNiMnMoVSCa 钢中加入 Ca 元素可改善钢的切削加工工艺性能。（　）

5. 碳钢型塑料模具钢 SM55 适宜制作形状简单的小型塑料模具或精度要求不高、使用寿命较短的塑料模具。（　）

6. 时效硬化型塑料模具钢固溶处理后冷速越慢，硬度越低，但时效后硬度却更高。（　）

7. 06Ni 钢的时效硬度比 18Ni 类钢的固溶硬度（28 ~ 32HRC）低，故而切削加工性能优于 18Ni 类钢。（　）

8. 3Cr2MnNiMo 预硬型钢相当于瑞典 ASSAB 公司的 718 钢，其综合力学性能好，淬透性高，大截面钢材在调质处理后具有较均匀的硬度分布，有很好的抛光性能。（　）

三、选择题（将正确答案的代号填入括号内）

1. 我国近年研制的预硬型塑料模具用钢大多数以（　）为基础，加入适量的合金元素制成。

A. 低碳钢　　　　　　B. 中碳钢　　　　　　C. 高碳钢

2. 预硬型塑料模具用钢的淬火加热温度为（　　）℃。

A. 540 ~ 580　　　　B. 710 ~ 730　　　　C. 850 ~ 880

3. 时效硬化型塑料模具钢，可采用（　　）℃高温回火处理达到软化目的。

A. 480　　　　B. 580　　　　C. 680

4. 06Ni6CrMoVTiAl 钢制作的录音机磁带盒塑料模具寿命可达（　　）万次以上。

A. 200　　　　B. 150　　　　C. 100

5. 耐腐蚀型塑料模具钢 4Cr13 的淬火加热温度为（　　）℃。

A. 950 ~ 1 000　　　　B. 1 050 ~ 1 100　　　　C. 1 100 ~ 1 150

四、简答题

分别简述 3Cr2Mo、SM45、06Ni6CrMoVTiAl 及 4Cr13 钢的特性及用途。

第三节　塑料模具材料的选用

一、填空题（将正确答案填写在横线上）

1. 塑料模具材料种类繁多，选择时应依据一定的原则进行，大致有按加工________选材、按服役________选材、按制品________选材、按制品________选材等方面。

2. 根据塑料模具的工作________及________形式、精度要求等，选材应能达到__________、硬度、塑性及__________性等各项使用性能指标，保证满足生产需求。

3. 在保证质量和性能的前提下，塑料模具材料应尽量选用价格________的钢种，以________生产成本，创造出________的经济效益。

4. 对于模具型腔表面要求高________和高________性、心部具有较好韧性的塑料模具，可选用________型塑料模具钢。

5. 对于型腔________且精度要求高的注射模具，为了防止模具加工成形后因________处理引起变形和开裂，可选用________型塑料模具钢。

6. 对于加工聚氯乙烯、氟塑料及阻燃 ABS 塑料制品的塑料模具，模具中的成形件必须具有__________的性能，可选用________型塑料模具钢。

7. 对于制造________塑料制品的模具，应选用____________型塑料模具钢，也可选用________型塑料模具钢。

8. 对于以____________作为增强材料的塑料制品的注射模和压铸模，可选用________型塑料模具钢，也可选用____________。

9. 改锻后的预硬型塑料模具钢的模坯必须进行热处理，其中包括________热处理和________热处理。________热处理通常采用球化退火。

10. 时效硬化型塑料模具钢的固溶处理的加热一般在________炉或________电阻炉中进行，加热温度和保温时间根据模具的________和________来选用。

二、判断题（正确的打“√”，错误的打“×”）

1. 对尺寸较小且型腔形状不太复杂的塑料注射模，可选用淬透性较差的渗碳型塑料模具钢，如 20 钢。（　）

2. 塑料模具材料的选用与塑料制品的生产批量大小无关。（　）

3. 为防止模腔表面氧化，时效处理最好在箱式电阻炉中进行。（　）

4. 常用的耐蚀钢种有中碳或高碳高铬马氏体不锈钢、马氏体时效不锈耐酸钢和沉淀硬化不锈钢等。（　）

三、选择题（将正确答案的代号填入括号内）

1. 在塑料模具的成形件必须具有防腐蚀性能时，可选用的耐蚀型塑料模具钢为（　）。

A. 9Cr18　　B. 40Cr　　C. 3Cr2Mo

2. 生产汽车灯罩、仪表盘、家用电器外壳等塑料零件的模具时，应选用（　）塑料模具钢。

A. 时效硬化型　　B. 耐蚀型　　C. 渗碳型

3. 改锻后的预硬型塑料模具钢的预硬热处理工艺简单，多数采用（　）处理。

A. 淬火　　B. 调质　　C. 渗碳

4. 预硬钢含有一定量的 Cr、Mn、Mo、V 等合金元素，可使钢具有较高的（　）。

A. 淬硬性　　B. 切削加工性　　C. 淬透性

四、简答题

1. 简述选用塑料模具材料时必须遵循的原则。

2. 简述预硬钢塑料模具的热处理特点。

3. 简述时效硬化钢塑料模具的热处理特点。

4. 简述耐蚀钢塑料模具的热处理特点。

第九章　其他模具材料

第一节　硬 质 合 金

一、填空题（将正确答案填写在横线上）

1. 硬质合金是指由________金属的硬质化合物和________金属通过粉末冶金工艺制成的一种合金材料。

2. 就材料性能而言，硬质合金是一种介于__________与__________之间的高性能结构材料，被誉为工业的“________”，其重要性是显而易见的。

3. 国家标准按硬质合金的使用领域将其划分为三个部分，即________________用硬质合金、________________用硬质合金和________________用硬质合金。

4. 硬质合金是采用粉末冶金加压烧结而成的，不采用铸造工艺，因此不具有钢材普遍存在的________与________异性现象。

5. 硬质合金热强性能好，与模具钢相比，硬质合金有好得多的高温硬度和强度，在600℃时相当于__________的硬度，1 000℃时相当于________的硬度。

6. 耐磨零件用硬质合金多数采用__________系二元相合金，少数也添加其他碳化物和________剂。

二、判断题（正确的打“√”，错误的打“×”）

1. 切削工具用硬质合金牌号 P10 适用于高切削速度、小切削截面、无振动条件下精车、精镗钢、铸钢。（　　）

2. 耐磨零件用硬质合金牌号由特征代号 G、分类代号和分组代号组成。（　　）

3. 实践证明，硬质合金模具比钢模具的抗熔焊能力要强得多。（　　）

4. 硬质合金的预加工必须在烧结之前进行，烧结之后除用金刚石工具或电加工方法进行加工之外，是无法用其他简单方法切削加工的。（　　）

三、选择题（将正确答案的代号填入括号内）

1. 目前，在金属切削中，硬质合金刀具约占整个金属切削刀具的（　　）。

A. 25% ~30%　　　　B. 45% ~50%　　　　C. 55% ~60%

2. 国家标准 GB/T 18376. 1—2008 规定，切削工具用硬质合金牌号按使用领域的不同分成（　　）类。

A. 6　　　　B. 7　　　　C. 8

3. 我国地质矿山工具用硬质合金约占硬质合金生产总量的（　　）%。

A. 15　　B. 25　　C. 35

4. 硬质合金的机械性能主要由含（　　）量和碳化钨的粒度决定。

A. 镍　　B. 钴　　C. 钼

四、简答题

1. 硬质合金有何特点？

2. 切削工具用硬质合金的牌号是如何表示的？

3. 模具用硬质合金与传统的模具钢材料相比有哪些特点？

4. 耐磨零件用硬质合金分为哪几类？

第二节　特殊用途模具材料

一、填空题（将正确答案填写在横线上）

1. 国内外一般根据模具材料的用途，将其分为________模具用钢、________模具用钢和________成形模具用钢三大类。

2. 7Mn15Cr2Al3V2WMo 钢的导热性较差，锻造时装炉温度不宜________，需________升温，________时间要求足够长，以保证钢中碳化物充分固溶。

3. 2Cr25Ni20Si2 钢属于奥氏体型耐热钢，具有较好的耐腐蚀性能。最高使用温度可达____℃，连续使用最高温度为____℃，间歇使用最高温度为 1 050 ~ 1 100℃。

4. 0Cr17Ni4Cu4Nb 钢适宜制作工作温度在____℃以下，要求__________性、高__________的部件，也适宜制作在腐蚀介质作用下要求高性能、高精密的__________模具。

5. Ni25Cr15Ti2MoMn 时效强化型高温合金的特点是高温耐磨性____，高温抗变形能力____，高温抗氧化性能优良，无________敏感性，__________性能优良。

6. Ni53Cr19Mo3TiNb 镍基高温合金具有高温________高，高温稳定性好，抗氧化性好，____________性能及________韧性优异的特点。

二、判断题（正确的打“√”，错误的打“×”）

1. 7Mn15Cr2Al3V2WMo 钢具有非常高的磁导系数，高的硬度、强度，较好的耐磨性。（　　）

2. 7Mn15Cr2Al3V2WMo 钢采用高温退火，退火后硬度为 28 ~ 30HRC。（　　）

3. 7Mn15Cr2Al3V2WMo 钢时效处理时，不同的时效时间和温度所获得的硬度有所不同。（　　）

4. 0Cr17Ni4Cu4Nb 钢的锻造温度范围较宽。（　　）

5. Ni53Cr19Mo3TiNb 合金是以体心立方的 γ″和面心立方的 γ′相沉淀强化的镍基高温合金。（　　）

三、选择题（将正确答案的代号填入括号内）

1. 目前我国已纳入国家标准（GB/T 1299—2014）的特殊用途模具用钢有（　　）个钢种。

A. 4　　　　B. 5　　　　C. 6

2. 7Mn15Cr2Al3V2WMo 钢是一种高 Mo－V 系无磁钢。该钢在各种状态下都能保持稳定的（　　）。

A. 奥氏体　　　　B. 马氏体　　　　C. 珠光体

3. 0Cr17Ni4Cu4Nb 钢是一种（　　）沉淀硬化模具钢。

A. 奥氏体　　　　B. 马氏体　　　　C. 珠光体

4. Ni25Cr15Ti2MoMn 合金是 Fe－25Ni－15Cr 基时效强化型高温合金，适用于制造在

(　　)℃以下长期工作的高温承力部件和热作模具。

A．550　　B．600　　C．650

5．Ni53Cr19Mo3TiNb 合金适用于制作（　　）℃以上使用的热锻模、冲头、热挤压模、压铸模等。

A．550　　B．600　　C．650

四、简答题

1．简述 7Mn15Cr2Al3V2WMo 高强度奥氏体型无磁模具钢的特性及用途。

2．玻璃模具材料有哪些性能？

3．0Cr17Ni4Cu4Nb 钢在锻造时应注意什么？

4．简述 Ni25Cr15Ti2MoMn 时效强化型高温合金的特性及用途。

5．简述 Ni53Cr19Mo3TiNb 镍基高温合金的特性及用途。

第十章 模具表面强化技术

第一节 气相沉积技术

一、填空题（将正确答案填写在横线上）

1. 气相沉积技术是利用气相中发生的________、________过程，在工件表面形成功能性或装饰性的金属、非金属或化合物涂层。

2. 气相沉积技术按照成膜机理，可分为__________气相沉积、__________气相沉积和__________气相沉积。

3. 物理气相沉积（PVD）是指通过________、再________元素或化合物，在基体表面上形成覆盖层的工艺。

4. 真空蒸镀的主要特点是成膜过程________，能精确控制工艺，由于镀膜在________条件下形成，纯净性高，均匀性好，可进行大规模生产。

5. 化学气相沉积（CVD）是指在加热气态下，通过____________或____________还原凝结在基体上形成沉积层的工艺。

6. 化学气相沉积技术在模具制造中得到越来越多的应用，CVD 法沉积 TiC 和 TiN 能应用于________模、________模和弯曲模，也适用于粉末成形模和________模等。

二、判断题（正确的打“√”，错误的打“×”）

1. 物理气相沉积的主要特点是处理温度较低、沉积速度较快、设备造价低，但操作维护技术要求较高。（　　）

2. 近年发展起来的规模性磁控溅射镀膜，几乎所有金属、化合物均可作为靶材，在不同材料上得到相应的薄膜镀层，沉积速率较高，工艺重复性好，便于自动化。（　　）

3. CVD 技术有设备简单、操作维护方便、灵活性强的优点，但沉积物较少。（　　）

三、选择题（将正确答案的代号填入括号内）

1. 气相沉积技术已广泛应用于模具的表面强化处理，也就是在模具表面覆盖一层厚度为（　　）μm 的过渡族元素与 C、N、O、B 的化合物。

A. 0.05 ~ 0.10　　B. 0.5 ~ 10　　C. 5 ~ 10

2. 物理气相沉积方法中，目前应用较广的是（　　）。

A. 真空镀　　B. 离子镀　　C. 真空溅射

3. 物理气相沉积时，工件的沉积加热温度一般不超过（　　）℃。

A. 500　　B. 600　　C. 700

4. 化学气相沉积是在高温（　　）℃、常压下发生气相反应而生成其化合物的一种气相镀覆。

A. 600～800　　B. 800～1 000　　C. 1 000～1 200

四、名词解释

1. 真空蒸镀

2. 溅射镀膜

3. 离子镀膜

五、简答题

1. 表面强化技术对模具起到什么作用？

2. 简述气相沉积层的性能特点。

3．物理气相沉积技术基本原理包括哪三个工艺步骤？

第二节　高能束强化技术

一、填空题（将正确答案填写在横线上）

1．高能束流对材料表面进行改性的特点包括两个方面：其一，利用脉冲激光器可获得极高的________和________速度；其二，利用____________技术可把异类原子直接注入表面层中进行表面合金化。

2．激光束表面强化技术可分为激光表面相变硬化和激光表面改性处理两大类，其中激光表面相变硬化包括激光____________和激光____________；激光表面改性处理包括激光____________和激光____________。

3．根据激光束与材料表面作用的____________、作用____________及作用____________的不同，可实现不同类型的激光表面强化。

4．电子束表面强化处理时，电子束照射到金属表面会同金属的__________及__________发生相互作用。

5．由于电子束的功率参数、作用时间等规范参数可以精确控制，表面层的________、强化的________、________和________速度等都可以严格控制。

6．离子注入层是由离子束与基体表面发生一系列________和________相互作用而形成的一个新表面层，它与基体之间不存在________问题。

7．离子注入能改变材料的声学、光学和超导性能，提高材料的工作硬度、__________性、__________性和__________性，最终延长材料工作寿命。

二、判断题（正确的打“√”，错误的打“×”）

1．在模具承受压应力的情况下进行激光表面淬火，淬火后撤出外力，可进一步增大残余压应力，并且大幅度提高模具的抗压、抗拉和抗疲劳强度。　　（　　）

2. 由于激光熔凝淬火允许金属表面熔化，实际操作时可以使用比激光淬火更低的功率密度和更慢的扫描速度。 (   )

3. 激光熔凝淬火可以基本保持工件表面粗糙度不变。 (   )

4. 电子束表面强化处理时，能量传递主要通过电子束的电子与金属表层的电子碰撞完成。 (   )

5. 电子束表面强化需要特别的冷却装置才可获得足够的冷却速度。 (   )

6. 理论上，离子注入技术可将任何元素注入到任何基体材料中去。 (   )

三、选择题（将正确答案的代号填入括号内）

1. 钢铁材料激光淬火比传统热处理的组织更细小，硬度提高（   ），耐磨性明显提高。

A. 5% ~10%　　B. 15% ~20%　　C. 25% ~30%

2. 激光熔凝淬硬层深度比激光淬火更深，一般为（   ）mm。

A. 0.5 ~1.5　　B. 1.5 ~2.5　　C. 2.5 ~3.5

3. 激光表面淬火与熔凝淬火的共同特点是，不需要改变材料的成分，主要利用工件材料自身的特性，发生（   ）相变来强化工件表面。

A. 马氏体　　B. 奥氏体　　C. 珠光体

4. 高能离子强行射入工件表面，导致大量间隙原子、空位和位错产生，故使表面强化，疲劳寿命（   ）。

A. 降低　　B. 不变　　C. 提高

四、名词解释

1. 激光表面淬火

2. 激光熔覆

五、简答题

1. 激光束表面强化技术有何特点？

2. 电子束表面强化技术有何特点？

3. 离子注入技术有何特点？

第三节　涂、镀覆强化技术

一、填空题（将正确答案填写在横线上）

1. 热喷涂技术是利用热源将喷涂材料加热至__________或__________状态，并以一定的________喷射沉积到经过预处理的基体表面形成涂层的方法。

2. 喷涂操作的程序较____，施工时间较____，效率____，比较经济。

3. 热喷涂技术的分类方法很多，通常按热源分为__________喷涂、__________喷涂、高速火焰喷涂、爆炸喷涂、__________喷涂、__________喷涂、__________喷涂等。

4. 常用的等离子气体有____气、____气、____气、____气或它们的混合物。

5. 表面镀覆强化可以提高模具的__________性、__________和__________。

6. 金属的电镀种类很多，按镀层的成分可分为____________镀层、____________镀层和____________镀层三类。若按用途则分为________性镀层、________性镀层、________性镀层等。

7. 化学镀常用方法有________镀（在含有被镀金属离子的溶液中将工件与另一金属保持接触，通过形成的内部电流沉积金属覆盖层）和____镀（由一种金属从溶液中置换出另一种金属来获得金属覆盖层）等。

二、判断题（正确的打“√”，错误的打“×”）

1. 喷涂过程中基体表面受热的程度较小而且可以控制，因此可以在各种材料上进行喷涂。（　　）

2. 热喷涂技术具有设备简单、操作灵活的特点，既可对大型构件进行大面积喷涂，也可在指定的局部进行喷涂。（　　）

3. 电弧喷涂时，电弧熔化的两根金属丝的成分必须相同。（　　）

4. 在电刷镀的操作过程中，阴极与阳极有相对运动，故不允许使用较高的电流密度。（　　）

5. 电刷镀时，镀层厚度的均匀性可以控制，既可均匀镀，也可以不均匀镀。（　　）

6. 化学镀镀层在酸、碱、盐、氨和海水等介质中都具有很好的耐蚀性，其耐蚀性远好于不锈钢。（　　）

三、选择题（将正确答案的代号填入括号内）

1. 热喷涂技术是表面工程技术的重要组成部分之一，约占表面工程技术的（　　）。

A. 二分之一　　B. 三分之一　　C. 四分之一

2. 爆炸喷涂时，燃爆室中的喷涂材料呈（　　）。

A. 粉末　　B. 棒状　　C. 柔性复合丝状或线状

3. 通常在模具中应用最广的是镀（　　），其目的是提高模具表面的耐磨性和耐腐蚀性。

A. 锌　　B. 镍　　C. 硬铬

4. 电刷镀时，工件接直流电源的（　　）。

A. 正极　　B. 负极　　C. 正负极都可以

5. 模具尺寸超差时，可通过（　　）恢复。

A. 化学镀　　B. 电刷镀　　C. 电镀

四、名词解释

1. 溶液喷涂

2. 大气等离子喷涂

3. 电镀

4. 化学镀

五、简答题

1. 热喷涂技术有何特点？

2. 热喷涂技术按热源分类可分为哪几种？

3. 镍—磷化学镀在模具强化方面有何特点？

责任编辑 / 马文睿
责任校对 / 安　波
责任设计 / 王利民

ISBN 978-7-5167-2611-2

定价：10.00 元

全国中等职业技术学校电子类专业

SHUZI DIANLU JICHU

数字电路基础

（第二版）习题册

中国劳动社会保障出版社